KB271419

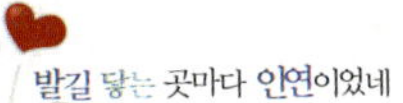

발길 닿는 곳마다 인연이었네

발길 닿는 곳마다 인연이었네

스튜어디스 미미의 여행 다이어리

글·사진 최향미

벗나래

여행은
나를 찾아가는 출발점이다

"좋겠다. 그런데 유럽에는 왜 가는데?"

2002년 6월, 대학 졸업을 1년 앞두고 45일간 유럽으로 배낭여행을 떠난다고 했을 때 친구들은 하나같이 이렇게 물었다. 아르바이트로 힘들게 돈을 번 것을 잘 아는 친구들은 내가 굳이 비싼 돈을 들여서까지 해외여행을 왜 떠나는지 궁금했던 모양이다. 그때마다 나는 "나를 찾고 싶어."라고 답했다. 그 답에 친구들은 "그것은 한국이 더 쉽지 않아?"라고 되물었다.

그런 그들의 질문과 관심과 걱정을 뒤로 하고, 옷가지 몇 벌만 챙긴 나는 태어나서 처음으로 해외여행을 떠났다. 내가 난생 처음 마주한 자유와 낭만과 다양성이 공존하는 유럽 대륙은 한마디로 충격 그 자체였다. 그러나 세계 각지에서 온 사람들을 만나 그들과 소통하면서 충격은 점차 다양성에 대한 이해와 여행에 대한 감사와 일상의 소중함에 대한 깨달음으로 바뀌었다.

"너 자신을 찾았어? 유럽에서 뭐했어?"

여행을 다녀오고 나자 친구들은 이런 질문을 던지며 다짜고짜 여행 이야기를 해달라고 졸라댔다. 그러면 나는 이를 빌미로 해서 유럽 대장정의 파란만장했던 스토리를 풀어 놓았다. 나는 자아도 찾지 못했고 확실한 미래가 기다리는 것도 아니었지만, 이 여행을 계기로 더 넓은 세계를 보고 다양한 사람들을 이해하게 되었다. 그 후 자신을 한 단계 더 발전시킬 수 있는 최고의 수단이 여행이라는 것을 깨달은 나는 매년 아르바이트를 해서 번 돈으로 배낭을 짊어지고 해외여행을 떠났다.

그러던 어느 날, 한 친구가 외국 항공사의 승무원이 되보는 건 어떠냐고 조언을 했다. 잘 웃고 사람들과 잘 어울리고 여행을 좋아하는 내게, 승무원이 최고의 직업일 것 같다고 그 친구는 덧붙였다. 키가 작아 하늘을 나는 일을 한 번도 생각해 본 적이 없던 내게 그의 조언은 머리에 번뜩이는 충격파를 날렸다. 하지만 나는 알 수 없는 자신감으로 충만해 한국이 아닌 태국의 방콕에서 휴가 기간에 면접을 보았다. 그리고 마침내 2008년 마지막 날, 카타르 항공에서 합격 메일을 받았다. 서른을 딱 하루 앞둔 날이었다.

카타르 항공에 입사 후 나는 지금까지 도하에 살면서 무척 바쁜 나날을 보내고 있다. 비행에, 운동에, 취미 생활에, 친구들 모임에 바쁜 외중에도 우리 회사가 취항하는 100여개가 넘는 도시들을 한 번이라도 직접 체험해 보려고 노력했다. 힘든 비행으로 지쳐 있을 때에도 새로운 곳을 경험하는 것을 게을리 하지 않았다. 물론 20대의 패기 만만했던 배낭여행과 30대에 접어들어 하는 여행은 많이 다르다. 하지만 분명한 것은, 여행이 세계인에 걸맞는 안목을 심어주고 작은 것에도 감사하는 마음을 갖게 하며, 본인의 삶까지 변화시킨다는 것은 똑같다.

"책을 써보는 건 어때? 많은 사람들이 네 이야기를 간접적으로나마 같이 경험하면 좋겠어."

홀로 떠난, 그러나 결코 외롭지 않았던 여행 이야기를 친구들에게 들려줄 때마다 그들은 탄성과 함께 출판을 권유했다. 국어국문학과를 졸업한 나는 내심 내 이름으로 된 책을 출판하고 싶은 소망이 있었다. 그래서 친구들이 권유하기 전부터 여행 일기를 쓰고 있었다. 친구들의 격려에 문득 책을 쓰고 싶은 마음이 간절해졌다.

하지만 책 한 권을 쓴다는 것은 국문학도였던 내게도 꽤나 벅찬 일이었다. 어떤 때는 하루 종일 컴퓨터 앞에 앉아 몇 자 치지도 못한 채 글이 세련되지 않고 투박스럽다며 자책할 때도 있었다. 게다가 여행 에세이지만, 휴대폰 카메라와 똑딱이 디지털 카메라로만 찍어낸 사진들이 흐릿하고 마음에 들지 않아 고민했던 적도 있었다. 물론 가끔은 직접 만났던 사람과 찍었던 사진 한 장에 그 때의 추억을 더듬으며 하루를 보낸 적도 있었다. 그렇게 해서 이 책은 만들어졌다.

이 책은 정보를 전달하는 유용한 책이나 메마른 가슴에 촉촉히 비를 내리는 감성적인 책이 아니다. 어쩌면 새롭고 멋진 곳에서 만난 다양한 사람들에 대한 시시콜콜한 이야기일 수도 있다. 그러나 특정 지역을 떠나 세상 모든 사람들을 두루 만나 이야기를 듣고 싶은 사람들에게는 그럭저럭 좋은 책이 될 것이다. 이 책은 불같이 화를 내다가도 차 한 잔에 친구가 되는 아랍인들의 세계에서부터 무지와 가난이 아닌 희망과 꿈의 땅 아프리카로, 각자의 전통과 멋스러움을 간직한 유럽 대륙에서부터 친절함과 낯설지 않은 매력을 지닌 아시아로, 그리고 저 멀리 북미 대륙의 캐나다에서부터 호주로까지 이어진다. 나의 일상적인 날적이가 반복된 삶에 조금이나마 행복한 꿈을 꾸게 한다면 더할 나위가 없을 것이다.

마지막으로 책을 낼 수 있도록 조언과 도움을 아끼지 않았던 이상욱, 곽윤석, 김군태 오빠, 늘 힘찬 응원을 보내주는 친구 장정일, 나의 가장 화려한 지금 이 순간을 함께 하는 공윤영, 류주영, 도하에서 얻은 가장 값진 인연인 임희진, 장윤경, 힘든 시간 따뜻한 위로가 되어 준 노주원 언니, 김동진 오빠, 김현경 작가, 밤을 새가며 원고의 교정에 열심이었던 든든한 룸메이트 김경미, 여행에 지칠 때면 말 없이 동기를 불어넣어 준 옥승호 씨, 소울메이트 Tilana Boshoff, 세상에서 가장 존경하는 엄마인 김숙자 여사와 사랑하는 가족과 친구들, 힘든 시간 옆에서 많은 도움을 준 동료들에게 고마움을 전한다. 마지막으로 지치지 않고 탐험을 즐긴, 또 앞으로도 즐길 준비가 되어 있는 나 자신에게 뜨거운 박수를 보낸다.

최향미

contents

잊혀진 고대 바위 도시에서 만난
나바테안의 후손들

탐험
인간이 본래 가지고 있는 미지의 세계를 찾는 마음, 즉 탐구심과 미지의 세계에서 얻을
수 있는 이익 및 성과에의 기대가 결부되어 야기된 인간의 행위

회사에서 우연히 포스터를 한 장 보았다. 신규 취항지인 요르단의 암만을 소개하는 사진이었다. 거기에는 이렇게 적혀 있었다.

'Petra – Al Khazneh'

보물창고로 잘 알려진 이 사진을 본 순간 형용할 수 없는 아름다움과 신비로움이 나를 압도했다. 또 붉은 사암으로 이뤄진 바위 도시의 거대한 보물 창고와 신비스러운 시크Siq, 협곡는 볼 때마다 나를 흥분시켰다. 더구나 영화 〈인디애나 존스 3 – 최후의 성전〉에 나오는 짧지만 강렬한 페트라를 떠올리면서 나는 마침내 미지에 대한 동경과 반드시 보고야 말겠다는 의지로 그곳을 향해 떠나기로 마음을 먹었다. 그렇다, 나는 혼자 씩씩하게 탐험에 나선 것이다.

"Hey Mi, How have you been? Going to trip again? Alone to Jordan? Oh my god!"

만석인 기내에서 우연히 마주친 중국인 동료가 점심 메뉴를 건네며 인사를 한다. 4만 피트 상공에서 맛보는 기내식은 왜 먹어도 먹어도 물리지 않는 걸까? 창밖으로는 파란색의 스케치북에 흰색의 구름들이 계속해서 새로운 그림을 그린다. 기장의 안내방송에 잠에서 깨니, 어느덧 3시간이 흘러 요르단의 수도인 암만의 국제공항이다.

"살라말레쿰Hello, 키프할릭How are you?"

입국 심사원에게 아랍어로 상냥하게 인사를 건넨다. 하지만 그는 무표정하게 20디나르Dinar. 요르단 화폐 단위를 받더니 여권에 비자를 붙이고 도장을 쾅쾅 찍어준다. 무사히 입국 수속을 마치고 짐을 찾아 공항을 빠져 나온다.

　　3월 말이어서 기온은 그리 높지 않지만, 중동의 햇살답게 여전히 빛이 강하게 내리쬔다. 카타르에 사는 나에게는 그다지 낯설지 않은 공항 밖 풍경이다. 삼삼오오 담배를 피는 남자들, 뚫어져라 나를 응시하는 남자들, "헬로우!"라고 인사를 하며 다가오는 남자들.

　　그렇다. 여자들의 야외 활동이 엄격히 제한되어 있는 중동은 남자들의 사회이자, 남자들의 국가이다. 어쩌면 이국적인 외모를 지닌 젊은 동양 여자는 그들에게 호기심의 대상일지도 모른다.

　　"Hello, my friends! I wanna go to Petra. Any bus or taxi?"

　　어느 여자가 무서워보이는 한 무더기의 중동 남자들에게 겁도 없이 말을 걸 수 있단 말인가. 원래도 붙임성이 좋은 나지만, 카타르에서 산전수전, 공중전까지 겪으면서 쌓은 내공이 장난이 아니긴 한가 보다!

　　페트라로 가기 위해서는 압달리 혹은 와하다드 버스 터미널로 이동해야 한다. 영어를 전혀 모르는 택시 기사와 알 수 없는 대화를 나누다 보니 마침내 그가 핸들을 돌린다. 알아들었나 보다. '에라, 뭐 어디라도 가겠지!' 라는 생각에 내 마음도 택시와 함께 달린다. 야호!

　　그러나 압달리에 도착하니 버스가 보이지 않는다. 이내 너댓 명의 남자들이 내게 모여들었다. 페트라행 버스가 어디 있느냐고 묻자 오전 6시에 벌써 떠났고, 다음 버스는 내일 오전 6시라고 답한다. 그중에서 장사 수완이 좋은 한 청년이 내게 자기가 잘 아는 저렴한 호텔에서 자고 내일 오전 6시에 버스를 타란다. 그러면 9시에 페트라에 도착해 실컷 구경할 수 있단다. 그렇게만 되면 돈을 절약할 수 있다. 호텔이라 할 수도 없지만, 아무튼 도미토리_{dormitory, 공동 침실} 5디나르, 페트라행 버스비 8디나르, 총 13디나르면 충분하기 때문이다.

그러나 난 택시로 페트라까지 가기로 결심했다. 목적지가 거기인 만큼 빨리 가야 마음이 편할 것 같았다. 게다가 좋은 숙소를 잡아 주겠다며 나를 둘러싼 청년들도 약간은 의심스러웠고, 무엇보다 아직은 돈이 있었다. 이때까지만 해도 지출이 예상보다 많을 것이라고는 생각지 못했다. 택시 기사에게 페트라까지 운전해도 괜찮냐고 물으니 문제없다며 가속 페달을 밟는다.

공항에서 압달리까지만 운전할 것이라고 생각했던 택시 기사에게 갑자기 페트라로 향하게 해 미안하기도 하고, 3시간 동안 가다보면 배도 고플 것 같아 햄버거 두 세트를 샀다. 혼자 여행한다면서 왜 두 세트를 주문하느냐는 햄버거 가게 주인의 물음에 택시 기사와 같이 먹을 거라고 했더니 나처럼 착한 여행객은 처음이라며 따뜻한 짜이차를 내 온다. 도움이 필요하면 언제든 연락하라며 손에 명함을 쥐어 주면서……. 차를 마시며 준비된 햄버거를 확인하고, 영수증을 보니 택스tax, 세금가 붙었다. 무려 가격의 16%. 예상치 못한 세금에 깜짝 놀라지 않을 수 없다.

"You hungry stop, eat, no problem."

머쓱한 얼굴로 햄버거를 받아 든 택시 기사 베케르는 내가 만난 요르단 사람 중 가장 점잖고 믿을 만한 사람이었다. 물론 그가 영어를 전혀 모르기 때문에 나눌 수 있는 대화는 무척 짧고 적었지만 말이다. 그와 내가 소통하는 방법은 아는 몇 가지 아랍어 단어를 영어와 섞어 나열하는 것이었다. 가령, 이런 식으로 말이다.

"하맘화장실, 오케이?"

"오케이."

"얄라얄라빨리빨리"

"오케이."

갑작스러운 페트라행 때문인지, 아님 내가 싱겁게 늘 웃어대서인지 베케르는 기름도 넣고 정비소에도 들러 차량 점검까지 받았다. 나도 개의치 않았다. 오늘 내로 페트라에만 도착하면 되기 때문이다. 나는 베케르가 차 안에서 기다리라고 하는데도 불구하고 기어코 밖으로 나와 우리나라와 별반 달라 보이지 않는 정비소를 구경했다. 사진기를 드니 순진한 청년들이 헤벌레 웃는다. 그들 틈에 앉아 이야기를 나누며 음식을 받아든 나를 보고는 베케르가 엄지 손가락을 치켜든다. 엔진 오일도 갈고 차량 점검도 끝나자 우리는 다시 붉은 도시로 향했다.

베케르는 3시간 내내 내가 책을 읽으면 차 안의 등을 켜주고, 책을 덮으면 음악을 틀어주고, 자면 음악도 끄고 불도 꺼주었다. 섬세하고 배려 깊은 그의 손길을 느끼며 드디어 와디무사에 위치한 배낭여행자들의 집합소에 도착했다.

혼사 비싼 공항 택시를 타고 온 나를 무슨 물주라도 만난 양 심술궂게 생긴 숙소 주인이 싱글룸을 보여 주며 35디나르를 달라고 한다. 여러 배낭여행자들과 두런두런 이야기도 나누고 싶고, 택시비공항 - 압달리 - 페트라 80디나르로 지출도 많았기에 5.30디나르의 도미토리를 달라고 하자 주인이 말한다.

"By the way, there are only boys. Will you be OK? Why don't

you sleep in the single room?"

"Sorry but I am absolutely fine."

리셉션 한 켠에 위치한 팸플릿이 눈에 띈다.

'Petra by night'

내일 밤에 갈 요량이었지만, 매주 월요일과 목요일밖에 안 한다니 오늘, 월요일에 볼 수밖에 없어 바로 예약을 한다. 오늘 택시를 타지 않았으면 'Petra by night'에 참여할 수 없었을 거라면서 거금의 택시 비에 나를 위로한다.

페트라는 요르단 국보 1호로, 고대 도시의 일부이자 500여 개의 무덤과 800여 개의 유적이 흩어져 있는 곳이다. 7세기부터 아랍계 유목민들인 나바테안들이 정착하면서 대상 무역의 교차점에 위치해 번영을 누린 산악도시였지만, 교역로의 중심이 시리아의 다마스커스로 이동하면서 쇠퇴의 길을 걸었다. 그리고 지진과 수자원의 고갈로 주민들이 떠나자 이 도시는 사막 한가운데에 버려진 도시가 되었다.

그러나 1985년 유네스코에 의해 세계문화유산으로 지정되고, 세계 7대 불가사의에도 선정된 페트라는 모세와 이스라엘 민족과도 관계가 깊어 매년 많은 순례자들의 발길이 이어지고 있다. 또한 영화 〈인디애나 존스 3 – 최후의 성전〉을 통해 알려진 후 세계의 수많은 여행자들이 이 잊혀진 도시에 몰려듦으로써 지금은 사해死海와 더불어 중동 여행의 필수 코스가 되었다.

입장료로 거금 50디나르를 내고 입구로 들어서자 말과 당나귀, 마차 등이 다니는 대로를 따라 심상찮은 바위들이 끝도 없이 이어져

있다. 아니나 다를까. 혼자 걷는 나에게 많은 장사꾼들이 날라 붙는다. 말을 타라느니, 미차를 타라느니, 싸게 해주겠디느니, 공짜로 가이드를 해주겠다느니 하는 말을 잊지 않는다. 말을 타고 잠시나마 거대한 페트라의 기운을 느껴보는 것도 좋을 것 같아 잠깐 흥정을 한 후 건장해 보이는 말 위에 앉았다.

그런데 고대 도시의 모습을 채 감상하기도 전에 마부가 수작을 건다.

"이쁘다! 어디서 왔어? 오늘밤 나랑 보낼래? 나랑 결혼할래?"

사막 한가운데의 버려진 도시에서 외롭게 살았을 나바테안의 후손인 마부가 도를 넘어 거북스런 질문을 던져댄다. 게다가 사람이 다니지 않는 바윗길로만 말을 끌고가는 그의 모습에 나는 견디지 못해 결국 말에서 내렸다. 그래, 걸으면서 직접 땅을 밟아야 제대로 보고 느낄 수 있는 법이지!

입구에서와 달리 안으로 들어갈수록 바위들은 점점 더 붉은 빛을 띤다. 대로는 마차가 겨우 지나갈 수 있을 만큼 좁아졌다. 마침내 나는 좁고 가파른 절벽에 둘러싸인 협곡, 시크에 도착했다. 지각변동에 의해 거대한 바위가 갈라져 생긴 시크를 걷고 있자니 인디애나 존스 일행이 영화에서처럼 멋지게 말을 타고 나타날 것만 같다. 붉은 빛의 신비로운 협곡을 손으로 만지면서, 높고 좁은 길 위에 펼쳐진 파란 하늘을 보며, 긴 암흑을 지나 저 멀리 펼쳐질 세계를 상상하며 나는 걷고 또 걷는다.

걷다 보니 인디애나 존스 일행이 예수가 최후의 만찬에서 사용했다는 성배가 있다고 믿었던, 알 카즈네Al Khazneh가 시크의 좁고 긴 암흑을 뚫고 거짓말처럼 나타난다. '카즈네Khazneh, 보물창고'란 명칭은 이집트의 파라오가 이곳에 보물을 숨겨 놓았다는 전설이 사막 유목민인 베두인족들에게 전해져 비롯되었다고 한다. 이것은 기원전 1세기 무렵에 건설한 나바테아Nabatea 왕, 아레타스Aretas 3세의 무덤으로 추정되는 높이 43m, 너비 약 30m 규모의 2층 신전 형태의 건축물로, 거대한 기둥들과 다양하고 정교한 조각 장식들은 따로 만들어 세운

것이 아니라 사암 절벽을 파고 다듬어서 만들었다고 한다.

보자마자 폭죽처럼 터지는 감탄사! 과연 1812년 스위스의 탐험가인 요한 루드비히 부르크하르트도 이곳을 발견했을 때 나처럼 할 말을 잃었을까? 그 옛날, 어떤 도구로 바위를 깎아 이렇게 정교한 건축물을 만들 수 있었을까? 정말 알 카즈네는 거칠고 거대한 바위들에 둘러싸여 사람들이 쉽게 찾을 수 없도록 꼭꼭 숨겨둔 보물처럼 느껴진다.

중동 문양의 천으로 곱게 안장을 두른 말과 낙타, 마차가 알 카즈네를 더욱 아름답게 장식한다. 개봉한 지 20년이 넘은 〈인디애나 존스 3 - 최후의 성전〉에서 본 똑같은 모습, 웅장하고 성스럽기까지 한 이 세계적 문화유산 앞에서 나는 한참이나 턱 빠진 사람처럼 입을 다물지 못한다.

'알 카즈네 안에는 정말 보물이 가득할까?' 라고 궁금증이 일어 면밀히 살펴보지만, 그 흔한 벽화조차 없이 어둡다. 이 넓은 고대 도시를 단 몇 시간만에 본다는 건 불가능하다는 생각에 나는 내일 다시 찾아오기로 하고 'Petra by night' 에 참가하기 위해 바삐 걸음을 옮겼다.

입구에 도착하니 많은 사람들을 앞에 세워두고 진행자의 설명이 이어지고 있다. 오늘의 대략적인 일정과 안전 및 규칙 사항을 전달한다. 이 바위 도시는 장밋빛의 낮과는 달리 아주 어두웠지만, 사람들의 이동 경로에 따라 밝혀 둔 소박한 촛불로 은은하고 고요하다. 성스러운 곳이어서인지, 진행자의 설명 탓인지 많은 여행자들이 발걸음을 아주 조심스레 떼고, 상대방과도 나즈막히 속삭인다.

밤이 되자 큰 바위 덩어리들로 둘러싸인 알 카즈네에 찬 기운이 휘몰아친다. 손을 호호 불며 구경하는 내게 옆에 앉은 한 영국 할아버지가 장갑을 끼라고 빌려 주신다. 어둠 속에서 촛불 수백 개가 켜지자 알 카즈네가 더 신비롭게 느껴진다. 드디어 공연 시작이다.

한 사람이 세계 최초의 현악기 가운데 하나인 '라바바'를 연주하자 다른 한 사람이 플룻을 분다. 두 악기의 소리가 고요한 이 고대 도시에 구슬프게 울려 퍼진다. 알 카즈네 앞에 모여 앉은 수많은 관광객과 촛불, 그리고 하늘에서 내려다 보는 무수히 많은 별들이 칠흑같은 밤을 무척이나 아름답게 수놓는다. 문득 어제까지만 해도 기내를 뛰어다니던 내가 지금은 사막의 한 도시에 앉아 수백, 수천 년 전 나바테안들의 희로애락이 담긴 선율을 듣고 있다니 마치 꿈만 같다.

'Petra by night'가 끝나자 밤 하늘의 반짝이는 별과 길을 밝히는 촛불을 따라 다시 나는 입구로 돌아온다. 택시 기사와 간단히 흥정해 4디나르에 합의를 보고 나는 숙소로 향하는 차에 오른다. 잘 웃고 농담도 잘 받아줘서 그런가? 숙소로 들어가는 나에게 택시 기사가 요르단 과자를 선물한다.

"슈크란_{감사합니다}."

암만 공항에 도착한 후 불과 몇 시간밖에 지나지 않았지만 신심으로 나를 내해주었던 베케르, 따뜻한 차를 내주었던 햄버거 가게 주인, 또 과자를 건네주었던 택시 기사를 통해 나바테안 후손들 특유의, 중동 사람들 특유의 관대함과 이방인에 대한 열린 마음을 나는 느낄 수 있었다. 세계화로 하나가 되고 있는 오늘날의 지구촌에서 중동지역은 늘 보수적이고 폐쇄적으로 간주되어, 위험하다는 선입견이 팽배해 있다.

그런 중동의 외지에서 이런 사람들을 만나다니 참 아이러니다. 아니, 어쩌면 내가 운이 좋은지도 모를 일이다. 아니면 중동이라는 비밀스러운 사회가 우리가 늘 생각해온 것만큼 그렇게까지 위험한 곳이 아닐지도 모른다. 아는 만큼 보인다고 했던가? 하지만 경험한 만큼 보이기도 하는 것이 여행이다. 이들을 만나고 나서 나는 사람 사는 곳은 어디든 정이 있고, 살만한 곳이라는 것을 온몸으로 느낀다. 영국의 시인, 존 윌리엄 버건의 '영원의 절반만큼 오래된 이, 장밋빛 같은 붉은 도시' 가 왠지 무척 좋아질 것만 같다.

유럽 최고의 온천에서
몸과 마음을 치유하다

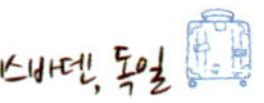

비행 차 독일의 비즈니스 중심지, 프랑크푸르트에 들른 김에 시간이 남아 근교에 갈 만한 도시들을 찾아봤다. 프랑크푸르트에서 1시간도 채 걸리지 않는 이곳, 비스바덴Wiesbaden이 눈에 들어왔다. 지명을 본 순간 나는 baden목욕에서 이 도시가 온천이나 사우나로 유명하지 않을까 짐작했다. 또 왠지 낯설지 않아 생각해보니 독일 친구들이 사우나를 좋아하는 내게 이곳에 대해 가끔 얘기해 주곤 했었다.

비스바덴은 프랑크푸르트의 서쪽, 독일의 남서부에 자리한 유럽에서 가장 오래된 온천 마을 중 하나이다. 1800년경에는 26개의 온천이 있었다고 하지만, 지금은 14개의 온천만이 사람들에게 휴식을 제공하고 있다. 우리나라와 달리 독일은 의료보험으로도 온천욕을 즐길 수 있다. 그렇게 보았을 때, 독일에서 온천은 여흥이라기보다는 치료의 한 가지 방법으로 간주되고 있는 셈이다.

공항역 무인 티켓 판매기에서 번호를 눌러 가려고 하는 도시, 비스바덴행 티켓을 샀다. 기차가 마인츠, 루셀하임을 지나 40여분 가량을 달려 온천 도시에 도착했다.

아, 처음 접하는 비스바덴의 공기. 너무나 상쾌하다. 사우나를 하기 전에 든든히 먹어야 한다는 생각에 중국 음식으로 알차게 배를 채운 뒤, 사우나장으로 향하는 1번 버스에 올랐다. 몇 분 뒤 하차역을 몰라 옆에 앉은 아주머니에게 물으니 그쪽에 산다며 반기신다. 영어를 잘 하시는 그 아주머니는 자기 집이 사우나장 근처라서 일주일에 한 번 이상 가는데 너무 좋다고 말을 거드신다. 그러고는 내 가방과 행색을 훑어보시고는 "아이구, 사우나를 한다면서 타월과 슬리퍼도 안 갖고 왔어? 빌리는 건 비싸니까 다음에는 꼭 가져와."라며 마치 엄마처럼 따뜻한 말씀도 잊지 않으신다.

매주 화요일은 여자만 이용하고, 다른 요일에는 남녀 공용인 걸로 아는데 화요일 말고 다른 날에 오면 어떤지 여쭈었더니 그 말이 가관이다.

"늙은 사람밖에 없어서 볼 거 하나도 없어."

공항은 사실 그 도시를 방문한 사람들에게 첫 인상을 심어주는 곳으로 그 역할이 막중하다. 특히 프랑크푸르트처럼 세계적인 공항은 더욱 그러할진대, 지금은 없어졌지만 내가 갔던 당시에는 이곳에 섹스샵이 떡하니 자리하고 있었다. 처음에는 공항에 어떻게 이런 남사스러운 샵이 있을까 싶었지만, 이것 하나만으로도 독일인들의 성에 대한 자유분방함을 느낄 수 있었다. 게다가 마을 곳곳에 성인용품점

이 있고, 날씨가 좋은 날이면 공원에서 나체로 햇볕을 즐기는 사람들을 쉽게 볼 수 있다. 또한 저녁이면 TV에서 성인광고까지 나오니 이런 곳에서 남녀 혼용 사우나는 당연한 문화일 수도 있겠다.

아주머니와 유쾌한 농담을 주고받는 가운데 5분가량 지나 베버가세Webergasse에 도착했다. 잠시만 아기자기한 도시의 도로 한가운데에 뜬금없는 꼬마열차가 등장해 웃음이 절로 났다. 나는 버스에서 만난 아주머니인 마르타와 함께 사우나장을 찾았다. 카이저-프리드리히 온천장Kaiser-Friedrich-Theme은 회색빛의 크고 오래된 건물로 위엄이 느껴졌다. 기원전 800년경부터 이곳 사람들은 온천을 즐겼고, 괴테, 브람스 등의 예술가들도 많이 찾았다고 하니 오랜 역사를 가졌음을 알 수 있다.

　　이색적인 모로코와 로마풍의 느낌이 조화를 이룬 노란색 입구에 들어서니 할머니가 티켓을 판매한다. 요금은 얼마인지, 준수할 사항은 없는지 이것저것을 물어보니 '이 동양애가 어떻게 여길 알고 왔지?' 하는 의구심이 얼굴에 그득하다. 하긴 오늘 사우나장 안의 많은 사람들 중 동양인은 내가 유일하다. 할머니가 팸플릿을 보면서 차근차근 설명을 해주시고는 마지막에 누차 강조하신다.

　　"You have to be naked all the time. OK?"

　　온천장에 입장해서 끝내고 나올 때까지 시간을 기록하는 전자 팔찌를 손목에 끼었다. 여기서는 락커를 열고 음료수를 사 먹는 것도 이것으로 모두 해결한다. 우리나라의 워터 파크나 사우나장에서 이용하는 전자 팔찌와 비슷하다. 2층으로 구성된 사우나장에는 여러 가지 시설들이 갖춰져 있는데, 습식, 건식, 핀란드식, 로마식, 러시아식 사우나 등 다양한 테마 사우나장과, 편안한 의자가 비치된 휴식 공간과 음료를 사고 마실 수 있는 곳도 있다. 좀 충격적인 것은 음료수를 파는 사람이 남자라는 것이다. 그러니 여자들만 있어도 가끔 남자가 음료수 주문을 받거나 사우나장 안으로 들어오면 놀라지 말지어다.

　　사실 나는 이전에 프랑크푸르트의 한 호텔에서 사우나를 즐기다가 벌거벗은 남자가 들어오는 것을 보고 기겁해서 밖으로 뛰쳐나온 적이 있었다. 뛰는 가슴을 안고 "왜 사우나에 남자가 들어와요?"라고 물었더니 나같은 사람을 보는 게 더 놀랍다는 듯 직원은 독일 사우나장은 다 혼탕이라고 웃으며 대답했었다. 그리고 한국에는 이런 사우나가 없냐고 되물었었다. 그래서 나는 구구절절 우리나라의 사우나에 대해 설명을 해줘야만 했었다.

이곳 사람들은 저마다 슬리퍼, 타월, 물 등을 가져와서 쉬엄쉬엄 사우나를 즐기는 모습이 우리나라와 비슷하다. 단, 아줌마들의 수다가 일상적인 우리나라와는 달리 이곳 사람들은 대부분 책을 읽고 있어 실내가 굉장히 조용한 것이 특징이다. 평일 낮임에도 불구하고 젊은 친구들도 꽤 있는 걸로 보아 온천욕이 요즘에는 치료 목적은 물론 여가 생활로도 인식되고 있는 모양이다.

핀란드식 사우나에 들어가 몸을 지지고 있는데 갑자기 남자가 들어와서 깜짝 놀라 타월로 몸을 감쌌다. 남자 직원은 가져온 자작나무를 자기 몸에 찰싹찰싹 때려가며 나무 특유의 향을 사우나실에 가득 피웠다. 주위를 둘러보니 다들 느긋하게 사우나를 즐기고 있어 나도 아무렇지 않은 듯 편안히 누워 있었지만 몸에 감싼 수건만은 어쩔 수 없다.

여러 군데의 사우나실에 들렀다가 이만하면 됐다 싶어서 시간을 확인하니 입장한 지 벌써 4시간이 지났다. 뽀송뽀송해진 얼굴을 뽀드득 만지며 나오는데 입구에서 할머니가 즐거웠냐고 물으신다. 너무 좋았다고 대답하면서 문득 떠오른 사실 하나. 온천물은 신경통에 효과가 좋고 미네랄이 다량 함유되어 있어 마셔보는 것도 하나의 관례인데 나는 오늘 그러지 못 했다. 아까워라!

사우나를 나와 땅거미가 길게 늘어진 길을 걸으며 나는 우리나라와 독일이 의외로 비슷한 점이 참 많다고 생각했다. 사우나를 좋아하는 것이나, 한국은 족발, 독일은 학세Haxe라는 돼지고기 다리를 즐기는 것이나, 세계 3대 영화제의 하나인 베를린 영화제에 김기덕 감독을 비롯한 많은 한국 영화가 초청되는 것을 보면, 우리나라와 독일이 비슷한 감성을 가졌다는 생각이 든다. 그리고 2차 세계대전 후 분단이 되었다는 사실이나 우리나라는 한강의 기적을, 독일은 라인강의 기적을 이룬 것을 보면 두 나라는 비슷한 것을 참 많이 가진 듯 하다. 많은 사람들이 대학에 입학하고, 또 많은 이들이 의료보험의 혜택으로 병원을 쉽게 찾아갈 수 있다는 사실은 말해서 무엇하겠는가? 그래서일까. 나는 깨끗한 경제와 정치 시스템을 가진 독일이 좋고, 그 나라에 사는 정직한 독일 사람들이 좋다.

어느덧 나는 숀네베르거 슈트라세Sonnenberger strasse를 따라 걷고 있다. 동쪽으로 걷다보니 내가 좋아하는 보라색 불을 밝힌 쿠어 하우스Kurhaus, 빌헬름 2세의 명에 따라 1907년에 지어진 대형 극장와 카지노가 보인다. 밤인데도 분수가 물을 세차게 내뿜고 있다.

역시나 토종 한국인인지라 쌀쌀한 날씨와 사우나 뒤의 허기를 달랠 뜨거운 국물이 더욱 간절해진다. 그 순간 눈에 띄는 간판 '모시모시'. 분명 일식집이겠거니. 그렇다면 국물도 있을 거라는 생각에 붉은 빛으로 장식된 가게 안으로 들어갔다. 영어로 된 메뉴판과 친절한 점원 때문에 기분이 좋다. 교자와 우동 맛은 그저 그랬지만, 배불리 한 끼 먹고 나서 버스를 탄 후, 기차에 올랐다.

친절한 사람들, 예쁜 도시, 그리고 온천. 이 모든 것들이 있어 비스바덴은 유난히 즐거웠다. 다시 오고 싶다는 생각을 하며, 다음에는 이 일대 포도농장에서 생산되는 품질 좋은 스파클링 와인인 젝트Sekt

를 마시며 온천욕을 즐겨야겠다는 다짐을 한다. 그때는 좀 더 용기를 내서 화요일이 아닌 다른 날에 와보는 것은 어떨까? 수건으로 가리지 않고 당당할 수 있을까?

유럽 최고의 온천 체험은 내 몸과 마음을 치유하는 여정이었다. 따뜻한 온천수로 마음을 흠뻑 적시고 나니 생의 에너지가 다시금 용솟음친다. 힐링이 별것인가? 이렇게 삶에 여유를 가지고 영혼의 샘을 채우는 것이 힐링이 아니고 무엇이겠는가?

신비로움으로 가득한
이 시대 최고의 지상 낙원

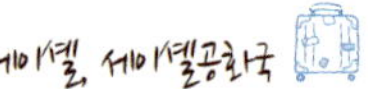

"세이셸이 도대체 어디야?"

이곳의 이름을 처음 듣는 순간 입에서 나온 말이다. 무척이나 궁금해 친구들에게 물어보고 인터넷으로도 검색을 해보았지만, 결국 두 번의 여행을 다녀온 후 자세히 알게 된 보물섬, 세이셸!

세이셸은 아프리카 동부와 인도양 서부에 위치한 국가로, 정식 명칭은 세이셸 공화국Republic of Seychelles이다. 이 나라는 116개의 섬으로 구성되어 있는데, 제일 큰 섬인 마헤Mahe 섬에 수도인 빅토리아가 있고, 인구의 80%가 살고 있다. 1740년에 프랑스의 식민지가 되었고, 1814년에는 영국령이 되었으며, 1976년에 영국의 지배에서 벗어나 영연방으로 독립했다. 프랑스와 영국의 식민지였다 보니 공용어는 영어와 불어이다.

영국의 축구 스타 데이비드 베컴 부부의 결혼 10주년 기념 여행

지, 미국 오바마 대통령의 가속 휴양지, 영국 윌리엄 왕자와 아내 케이트의 신혼 여행지가 바로 이 인도양 최고의 낙원, 세이셸이었다는 것을 안 순간, 나는 이 섬나라를 탐험해 보고 싶은 욕망에 휩싸였다. 〈내셔널 지오그래픽 트래블러지〉와 영국의 BBC에서 '죽기 전에 꼭 가 봐야 할 세계 50대 관광지' 중 하나로 꼽은 이곳은 한국인들에게는 낯선 곳이지만, 유럽과 중동의 부호들에게는 세법 유녕한 곳이다.

심지어 일본, 중국인들도 휴양지로 몰디브나 발리보다 세이셸을 선호한다고 한다. 다양한 해양 스포츠나 밤 문화가 화려한 곳은 아니지만, 느긋하게 자연 속에서 시간을 보내고 싶은 사람들에게 이보다 더 좋은 곳이 있을까?

세이셸이라는 보물섬에 간다고 생각하니 바다를 좋아하는 나는 가슴이 두근거렸다. 스노클링을 할 생각에 오리발을 챙기고, 늘 나의 짐 가방 안에 있는 비키니도 확인했다. 설레는 사람은 나뿐이 아닌 모양이다. 프랑스에서 온 캡틴Captain, 비행기 기장은 낚시대를 들고 와서는 물고기를 잡아주겠다며 호언장담을 하고, 선탠을 좋아하는 브라질 동료는 호텔에 도착하자마자 해변으로 달려갈 생각으로 아예 수영복을 유니폼 안에 입고 왔다며 지퍼라도 내릴 기세다.

다들 유쾌한 농담을 주고받지만, 일본인인 게이 친구는 괜시리 수줍은 모양인지 얼굴이 다홍빛이다. 인도 출신인 사무장은 자신의 약혼녀도 세이셸에 온다며 신을 내며 브리핑을 진행한다. 지상 낙원에 자신이 사랑하는 사람과 올 수 있다니 그저 부러울 뿐이다.

비행기에 오르기 전 그루밍 체커grooming checker. 몸단장을 관리하는 사람가 당부를 한다.

"선탠하는 건 좋은데 너무 태워서 오면 며칠간 비행을 못할 테니 조심해서 놀아!"

하늘에서 보니 마헤 섬의 공항 활주로 양옆으로 드넓고 푸른 바다가 펼쳐져 있다. 바다 한가운데 착륙한 느낌이 들어 우리 일행은 들뜬 상태로 섬에 도착했다. 파란 해변과 푸른 야자수, 자유분방한 사람들에게서 휴양지의 모습이 제대로다. 설레는 마음으로 호텔에 들어서니 작고 귀여운 도마뱀들이 분주히 벽을 타며 나를 맞이한다. 도마뱀마저도 반가운 이곳 세이셸!

우리 일행은 급한 마음에 바로 수영복으로 갈아 입고 해변으로 향했다. 책을 읽거나 낮잠을 청하며 인도양의 햇살 아래 여유롭게 시간을 즐기는 사람들 앞에 시원하게 펼쳐진 옥빛 해변이 그렇게 깨끗할 수가 없다. 비키니를 입고 바다에 뛰어드는 나를 보고 동료들이 말한다.

"You are such a special Korean. Very unique."

그 이유를 물으니 대부분의 한국인 승무원들은 바다에 오면 피부가 탈까봐 큰 모자를 눌러 쓰고, 수영복 위에 뭔가를 걸치고는 해변에 앉아 놀지도 않는단다. 나도 그럴 거라고 지레짐작했는데 손바닥 만한 비키니를 입고서 선탠을 하고, 자기들보다 더 잘 뛰어노는 것을 보니 스페셜하다고 할 수밖에 없단다. Weird가 아닌 Unique라니 듣기 좋은 소리다.

해가 지기 전에 세계에서 가장 작은 수도인 빅토리아 시내에 다녀왔다. 좁고 꼬불꼬불한 거리를 흑인들로 가득 찬 버스가 아슬아슬하게 지나간다. 좁게 열린 창문 틈 사이로 바람이 불어온다. 흑인 특유의 냄새는 나지 않지만, 그들 특유의 무표정함과 낯선 시선이 피부에서 느껴진다.

버스에서 내려 어시장도 구경하고 과일도 사먹으며 발길 닿는 대로 걸었다. 아프리칸 특유의 무표정함과 무례함을 갖고 있으리라고 생각했던 것과는 달리 시장에서 만난 세이셸 사람들은 프랑스와 영국의 지배하에 있었던 탓인지 유창하게 영어와 불어를 구사하면서 꽤나 매너있는 모습을 보여주었다. 문득 회사에서 만났던 세이셸 동료들을 생각해보니 여유있는 웃음과 유럽인 특유의 합리적인 사고방식을 가졌던 것이 떠올랐다.

국가의 주요 수입원이 관광인 이곳은 물가가 상당히 비싼 편이다. 값이 꽤 나가는 저녁 뷔페를 예약했건만, 너무 늦게 도착해서인지 음식들이 바닥을 들어내고 있었다. 남아 있는 고기와 샐러드로 배를 채우자마자 바로 음주가무의 한바탕 무대가 벌어졌다. 레스토랑에서 아프리카 장단에 맞춰 몸을 들썩이며 시작된 춤은 해변가를 거쳐 끝내는 요란한 조명과 시끄러운 최신 음악들로 쿵쾅대는 클럽으로 이어졌다. 이렇게 신나게 춤을 추다 보니 모든 이들에게서 어색함이나 거리낌이 전혀 느껴지지 않는다.

다음날 아침, 우리 일행은 또 다른 섬으로 들어갈 보트에 오르기 위해 일찍 모여들었다. 브라질에서 온 동료는 잠을 많이 못 잤다며 가장 늦게 나왔지만, 얼굴에는 화사하게 화장이 되어 있었다. 특히 아이라인에 힘을 준 그녀. 어느 나라 여자건 민낯을 보여주긴 싫은가 보다.

일행들이 모두 모이자 보트는 우리를 싣고 20여 분을 달려 스노클링을 하기 위해 바다 한가운데에 정박했다. 깨끗하고 물살이 세지 않아서 수영을 하기엔 그만이었다. 나는 오리발을 신고 발목이 부러져라 힘차게 저어댄다. 그런데 이 섬나라에 유네스코의 세계문화유산으로 지정된 환초가 있다고 들었는데 도대체 어디에 있는 걸까.

일찌감치 사라졌던 캡틴이 파란색의 예쁜 물고기들을 잡아왔다. 다들 사진을 찍느라 바쁜 사이 나는 이것들이 예뻐서 잡아왔느냐고 물었다.

"No, they are delicious. Let's eat them all."

그러고 나서 우리 일행이 도착한 곳은 일명 '플레이보이 섬'으로 초록색의 작은 라군lagoon, 석호과 짙푸른 낮은 산이 있는 곳이었다. 사실 세이셸은 지구상에서 가장 큰 씨앗인 코코 드 메르Coco de Mer, 바다야자가 유일하게 열리는 곳이다. 이 열매는 인체의 은밀한 부위를 닮아 '세상에서 가장 섹시한 열매'라 불리는데, 그 무게가 무려 25kg에 달한다. 혹시 이곳에서도 볼 수 있지 않을까 기대했는데 '발레 드 메 국립공원Vallee de mai'이 아닌 곳에서는 보기 힘들단다.

여자들이 일광욕을 즐기는 사이, 남자들은 또 낚시를 하러 갔다. 평소 브라질에서 비키니 탑을 벗고 일광욕을 즐기는 친구는 탑리스 topless로 인도양의 눈이 시리도록 파란 바다에 몸을 던진다. 외국 친구들의 개방적인 모습을 다시 한 번 확인하는 순간이다. 이런 모습에 얼굴을 찡그리거나 비난할 필요가 없다. 그들의 문화라고 받아들이고 이해하고 존중하면 된다. 갑작스러운 상황에 당황한 일본인 게이 친구는 얼굴이 홍당무가 되어 어디론가 사라졌지만……. 그는 혹시 나무 뒤에 숨어서 훔쳐보고 있지는 않았을까?

1시간 뒤쯤 낚시를 나갔던 캡틴 일행이 돌아왔다. 그들이 내 키만 한 큰 돛새치Sailfish를 당당히 들어 보이며 등장하자 다른 동료들의 환호성이 쩌렁쩌렁 섬을 울린다. 미리 잡아두었던 알록달록한 열대어들은 구워 먹으니 살이 어찌나 부드럽고 담백한지 정말 입 안에서 살살 녹는다.

참치는 회를 떠서 소스에 찍어 먹고, 돛새치는 어떻게 할까 생각하다가 전쟁터에서 승리를 축하하는 전리품처럼 한쪽 바위에 보란듯이 얹어 두었다. 여기에 맥주가 빠질 수 없다. 맥주 한 모금을 들이키니 천국이 따로 없다. 나도 모르는 사이 내 입에서 가수 싸이의 ‘낙원’이 흘러나온다. 그래 바로 여기가 천국인 거야.

후식으로 지천에 널린 코코넛을 따서 물을 마시고 안에 든 흰 살을 숟가락으로 빡빡 긁어 먹었다. 그러고 나서 어떤 사람은 구름 한 점 없는 파란 하늘과 뜨거운 햇볕을 이불 삼아 낮잠을 청하고, 어떤 사람들은 삼삼오오 모여 웃음꽃을 피웠다. 이것이야말로 요즘 말하는 힐링이지 않을까 싶다.

잠시 휴식을 취한 후 우리는 다시 보트에 올랐다. 세이셸이라면 가장 먼저 떠오르는 흰 모래와 울퉁불퉁한 화강암이 보트 옆으로 병풍처럼 펼쳐진다. 영화 〈캐스트 어웨이〉의 주 무대였던 이곳이 빛을 받아 그때그때 핑크빛, 회색빛으로 변하며 눈앞에 인간의 손길이 닿지 않은 태초의 아름다움이 펼쳐진다. 그 아름다움에 한순간 누구도 말이 없다. 말 없이 그저 감상하고 있을 뿐.

우리 일행이 돛새치를 들고 호텔로 돌아오자 모든 사람들의 시선이 한꺼번에 쏟아진다. 여기 저기에서 찰칵찰칵 하는 카메라 셔터 소리가 터져 나온다. 어떻게 잡았느냐는 질문에 캡틴을 비롯한 우리 일행들은 마치 오래전 영웅담처럼 술술 이야기를 풀어놨다. 저녁을 먹고 하루 종일 찍은 사진을 돌아가며 구경하다가 동료들이 말한다.

"향미, 너 피부 색깔 애네들이랑 똑같아. 누가 누군지 모르겠어."

여기서 말하는 애네들이란 인도, 미얀마, 브라질 동료들인데 그만큼 선탠이 많이 된 모양이다. 갑자기 어깨부터 따끔거리기 시작한다.

다음날, 얼굴과 어깨에서 피부가 벗겨시는 나를 보며 동료들이 그 나이에 이 정노로 놀 건 아니라며, 남자 안 만날 거냐며, 시집 안 갈 거냐며 웃어댄다. 그래도 오랜만에 해변에서 한가로운 한때를 보냈다는, 더구나 죽기 전에 꼭 가 봐야 할 곳으로 지정된 천해의 아름다움이 숨어 있는 곳을 왔다는 사실 때문인지, 벗겨지는 피부와 검게 그을린 나의 얼굴이 더욱 자랑스럽게만 느껴진다.

기억이란 참 질긴 놈인가 보다. 그때의 따사롭던 태양과 풍경, 동료들과의 즐거운 추억이 아직도 고스란히 뇌리에 남아 있으니 말이다. 나이를 먹을수록 머릿속에는 기억의 나이테가 새겨지나 보다.

다시 가고픈 곳, 세이셸! 해변가의 발자국은 파도에 지워졌지만, 내 기억 속의 발자국은 생생하다.

아랍 문화의 전통과 기질을 간직한
아라비안 나이트의 나라

세계의 각 공항마다 공항 코드가 있다. 예를 들어 인천은 ICN, 뉴욕은 JFK, 베를린은 TXL 등이 그것이다. 나의 비행 스케줄에 SAH가 떴다. 처음 들어본 이곳은 어디일까, 특히 체류 시간이 3시간밖에 되지 않아 더욱 궁금증을 자아냈던 곳. 바로 예멘의 사나였다. 친구들에게 사나 비행을 간다고 하니 얼굴부터 찡그리며 주의를 준다. 승객들이 굉장히 공격적이고 도시도 아주 위험하니, 호텔 밖으로는 절대 나가지 말란다.

나도 물론 사나에 대한 악평은 익히 들어서 잘 알고 있었다. 몇 년 전, 한국 관광객들과 NGO 단체의 구성원 중 한 명이 살해된 탓에 예멘은 여행 금지 국가에 포함이 되었다. 또한 지금까지 알 카에다의 주요 본거지로 유명세를 떨치고 있을 뿐만 아니라 잦은 내전과 불안한 정세로 인해 이곳은 당연히 위험한 곳으로 여겨지고 있었다.

하지만 이런 모습과는 달리 예멘은 세계 최초의 커피 생산지이자 모카 커피의 원조인 곳이다. 블루 마운틴, 하와이코나와 함께 고흐가 즐겨 마셨다는 예멘 마타리는 세계 3대 명품 커피 중 하나로 꼽힌다. 이것만으로도 예멘은 나에게 흥미로운 국가로 다가왔다.

위키 백과에서 예멘 공화국은 중동의 아라비아 반도 남서부에 위치해 있으며, 가장 오래된 인류의 거주지 중 하나로 유구한 역사를 지녔고, 아라비안 나이트의 주요 배경지 중 하나로 소개되어 있다. 또한 아시아와 아프리카와 유럽을 잇는 길목에 있는 탓에 예로부터 문화가 발달했고, 중동에 있는 나라 가운데서도 아랍인의 독특한 기질과 문화적 전통을 가장 잘 이어가고 있는 나라로 손꼽힌다.

설렘 반 걱정 반으로 비행기에 올랐다. 그러나 승객도 별로 없는데다 사납다던 사람들은 어찌나 털털하고 재미있는지. 화끈하면서도 뒤끝 없는 중동 사람들은 경상도 사람인 나와 잘 통해서 걱정했던 것과는 달리 굉장히 즐겁게 비행을 할 수 있었다. 특히 한 승객은 내가 어느 나라 사람인가 너무 궁금했는지 한참을 머뭇거리다가 "You⋯ ah, you made in China?"리고 물었다.

"Are you from china?"라고 묻고 싶었던 것이리라. 그는 영어는 잘 모르지만, 물건을 살 때 made in China를 보았기에 그렇게 물었을 것이다. 어찌 보면 그의 질문이 틀린 것은 아닐 수도 있다. "당신 부모님이 중국에서 당신을 만들었어요?"라고 해석할 수도 있으니까. 그의 질문에 그와 나는 텔레파시라도 통한 듯 동시에 기내가 떠나갈 듯 박장대소를 했다.

사나에 착륙하자 여러 번의 비행으로 친해진 모로코인 동료가 호텔 밖으로 나가지 않을 거냐고 묻는다. 나는 당연히 나갈 것이라고 답했다. 하지만 문득 가져온 옷과 신발이 없다는 것이 생각났다. 3시간 밖에 체류하지 않으니 호텔 밖으로 나갈 일이 없을 거라는 생각에 여벌의 옷과 신발을 챙기지 않았던 것이다.

그런데 예멘이 어떤 모습을 하고 있는지, 사나 사람들은 어떻게 살고 있는지 너무 궁금해 머리를 굴리다 보니 예전에 기내 트롤리에 깊숙이 넣어두었던 비상용 옷 한 벌이 생각났다. 신발은 유니폼 신발을 신으면 된다. 오늘만 특별히……. 오케이!

공항은 무척 썰렁하다. 민간 항공기 중 사나로 운항하는 항공사는 우리 회사를 포함해서 서너 곳밖에 없다. 픽업 버스를 타고 호텔로 향하면서 사나와 처음으로 마주했다. 여느 중동처럼 모래 색깔의 허술

해 보이는 건물들이 즐비하고, 길에는 전통 의상을 입고 허리에는 큰 칼을 찬 현지인들의 모습이 위험해 보인다.

택시를 타고 사나에서 가장 번화한 곳이자 구경거리가 많은 구시 가지Old City에 내렸다. 이곳에 들어서면 다른 중동에서는 볼 수 없는 건물이 제일 먼저 눈에 들어온다. 사막의 바람을 닮은 붉은색 벽돌로 건물을 짓고, 가장자리와 테라스, 아치형 창문은 흰색으로 마감이 되어 있어서 중동 어느 곳에서나 볼 수 있는 모래 색깔의 밋밋한 느낌 대신 독특한 아름다움이 느껴진다.

무섭거나 포악하지는 않을까 걱정했던 현지인들은 의외로 무척이나 친절하다. 우리가 어디서 왔는지, 어떤 사람인지 물을 뿐만 아니라 부탁도 하지 않았는데 가이드까지 해주는가 하면, 먼저 다가와서는 "안녕하세요?"라고 한국말로 인사까지 건넨다. 한국말을 어디서 배웠는지 물으니 한국인 관광객들이 제법 많아서 그들에게서 배웠단다.

어떤 이는 내 손에 데이츠Dates. 대추 야자 열매를 한 줌 쥐어주는가 하면, 어떤 이는 나의 손목을 잡아 끌고 기념품을 보여주기에 열심이다. 이곳에서는 집 안에서 낙타를 키우는 풍경이 매우 인상적이다. 우리가 과거에 소를 귀히 여기고 재산으로 여겼듯이, 이곳에서는 낙타가 귀한 존재이자 재산이기 때문일 것이다.

하지만 몸에 착 달라붙은 옷을 입은 동료에게 이렇게 입고 돌아다니면 안 된다고 꾸짖는 예멘 아줌마를 보면서 역시 이곳이 자유로운 곳이 아님을 알게 된다. 그리고 길거리에서 남루한 옷차림으로 구걸하는 어린 아이들을 통해 이곳이 세계에서 가장 가난한 나라 중 하나임을 상기한다. 그러나 히잡을 쓴 채 책가방을 메고 학교에서 돌아오는 아이들을 보면서, 안 사도 좋으니 보기만이라도 하라는 길거리 장사꾼들을 보면서, 찬거리를 사는 검은 아바야 옷을 입은 아줌마들을 보면서, 세상 어디든 살아가는 방식은 크게 다르지 않다는 걸 느끼게 된다. 이곳, 중동의 사나에도 다른 곳과 마찬가지로 시간은 흐르고 사람의 삶은 이어진다.

구시가지를 구경하고 나서 우리는 무언가를 먹어야겠다는 생각에 택시를 타기로 했다. 택시를 타자마자 우리는 맛있는 음식점으로 데려가 달라고 부탁했다. 택시 기사가 데려다 준 유명한 음식점은 메뉴판에 가격이 적혀 있지 않았다. 하지만 가난한 나라이니만큼 음식 값도 저렴하리라 생각해 우리는 먹음직스러워 보이는 음식들을 여러 개 주문했다. 대부분의 음식은 양고기로 만들어진 것들이다. 양고기를 별로 좋아하지 않는 나는 기대를 별로 하지 않고 한 입 먹었다. 맛이 기가 막히다. 기름을 쫙 뺀 양고기를 납작한 빵에 싸 먹는 것도 꽤나 맛있었고, 양고기 볶음밥은 내가 먹어본 양고기 음식 중 최고였다. 바닥까지 싹싹 먹어 치우는 나를 보고 동료들이 말한다.

"양고기 안 좋아한다면서 네가 우리 중에 가장 많이 먹었어, 알아?"

중동과 아프리카 지역에서는 오래전부터 양고기를 먹어왔기에 그들만의 전문적인 조리법으로 냄새가 나기는커녕 비싼 소고기보다도 맛이 좋다. 텁텁하거나 질기지도 않은데다 씹는 맛도 일품이고, 고소함도 더욱 진하다. 인도인과 아라비아인들의 체취로 고생했던 나 자신에게 호사스런 예멘 마타리의 향으로 위안을 주고 싶었지만, 3시간

아랍 문화의 전통과 기질을 간직한 아라비안 나이트의 나라

의 체류 시간이 너무나 짧은 탓에 그런 영광을 누리지 못해 너무나 아
쉽다.

여행은 경험한 만큼 보인다고 했던가? 예전에는 예멘에 오는 관
광객들이 있다는 얘기를 들으면 '그렇게 위험한 곳에 무엇하러 갈까?
중동을 보고 싶다면 거기가 아니어도 많은데……' 라고 생각했었다.
하지만 직접 경험해 보니 예멘은 독특함을 지닌 구시가지와 친절한
사람들, 먹는 내내 탄성을 불러일으킨 양고기 등 많은 매력을 지니고
있었다.

사나를 경험한 후 나는 예멘에서 내전이 빨리 종식되어 안정된 정
권이 들어서고, 석유와 커피 산업을 발전시켜 더 잘 사는 나라, 안정
된 나라가 되었으면 좋겠다는 바람이 생겼다. 그리고 수많은 관광객
들이 요르단, 이스라엘, 레바논 등의 중동 국가뿐 아니라 태초의 아랍
문화를 간직한 이곳으로도 여행할 기회가 많이 생기기를 기원했다.

도하로 돌아와 동료들에게 사나에서 시내 구경을 나갔다고 하자
"결국 네가 사나에서까지 밖으로 나갔구나, 장하다."라며 혀를 내두
른다. 걱정과 두려움은 여행의 적이요, 용기는 여행의 친구라 했던가.
많은 친구들이 접해보지 못한 곳을 갔다 오니 사나가 더욱 애틋하다.
언제쯤 그곳을 많은 사람들이 경험할 수 있을까? 그곳도 사람 사는 평
범한 곳이라는 인식과 함께 소통과 화해를 통해 그곳이 더 많은 사람
들의 안식처가 되기를 희망해 본다.

그림 형제가 자라난
여유로운 동화 마을

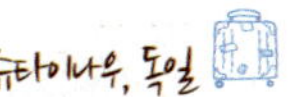

　서점에 가 수많은 여행 책들과 에세이들을 보노라면 항상 내 가슴은 두근거린다. 그런데 자세히 살펴보면 인기가 많은 영국, 프랑스, 이탈리아 등은 각 나라별로 세세한 정보와 볼거리를 담고 있지만, 독일에 대한 여행 책이나 에세이는 많지 않다는 것을 발견할 수 있다. 독일이 인기가 없어서일까? 게르만족이 불친절하다는 선입견 때문일까? 그것도 아니라면 맥주와 소시지를 제외하면 먹을 게 별로 없는 음식문화나, 프랑스와 이탈리아에 비하면 볼거리가 없다는 인식 때문일까?

　하지만 독일은 나에게는 정말 매력적인 곳이다. 덩치가 큰 사람들이 베푸는 따뜻한 호의와 아기자기한 작은 마을을 구경하는 것도 예상 외로 즐거움을 준다. 게다가 독일은 이제 유럽의 경제대국으로, 절대 그냥 지나쳐서는 안 되는 나라가 되었다.

　소도시 여행을 좋아하는 나는 이번에는 우연히 알아낸 동화 마을,

Dornröschen
Der Wolf u. d. sieben Geißlein
Die Gänsemagd
Hänsel u Gretel
„Freisparadies" – Gerhard Mühlha
FLOHMARKT

슈타이나우_{Steinau}로 가보기로 했다. 룰루랄라 나설 채비를 하며 동화 마을로 가니 옷도 동화풍으로 입어야겠다는 생각으로 왼쪽 가슴에 큰 리본을 달았다. 그런데 비행 중 크루나 독일 승객, 호텔 컨시어지에게 물어봐도 이 도시에 대해 아는 사람이 전혀 없다. 독일인들조차도 처음 듣는다며 그곳에 왜 가려는지 반문을 한다.

'흠, 포기할까? 지도도 없고 정보도 없는데······.'

하지만 계획한 일은 꼭 해야 직성이 풀리는 나는 직접 한 번 찾아가 보기로 했다. 이것 또한 여행의 새로운 즐거움일 테니. 이곳에 대해 역시나 모르는 직원과 몇 분간 대화를 나눈 후 중앙역에서 1시간 20분 거리에 있는 곳의 표를 샀다. '내가 가는 곳이 맞을까?' 라는 걱정과 처음 가 보는 곳에 대한 설렘으로 1시간 20분은 무척 짧게 느껴졌다.

드디어 기차가 슈타이나우역에 멈췄다. 나는 역에만 도착하면 모든 것이 쉽게 해결될 것이라고 생각했다. 다른 여느 역처럼 인포메이션 센터가 있어서 지도도 얻고, 정보도 찾을 수 있으리라 믿었던 것이다. 하지만 웬걸? 인포메이션 센터는 보이지도 않고, 일요일이라 간이식당도 문을 닫았다. 지나는 사람조차 보이질 않는다. 지나가는 차를 붙잡고 물어볼 요량으로 팔을 흔들지만, 멈추는 차 또한 한 내도 없다.

다행히 소금 걸으니 '그림 형제의 집-슈타이나우' 라는 표지판이 보인다. 맞게 왔다는 안도감과 함께 지도상에서 가장 분주해 보일 것 같은 남동쪽을 향해 걷다 보니 저 멀리 성이 보인다. 구시가지를 향해 맞게 가고 있는 모양이다.

모든 주민들이 휴가를 떠난 것처럼 조용한 마을의 주유소에서 나는 처음으로 한 아저씨를 만나 길을 물었다. 아저씨는 상세히 길을 안내해 주시고는 걸어가는 나에게 다시 달려와서는 성 안에서 뮤지컬 연습을 하니 구경을 오라 하신다. 아저씨가 알려준대로 직진을 했더니 다리가 나오고, 다리를 건너니 바로 주차장이 보인다. 여기서 우회전하라는 말이 기억나 방향을 돌리니 졸졸졸 흐르는 시냇가 너머 구시가지다.

슈타이나우는 그림 형제, 즉 야콥 그림과 빌헬름 그림이 어린 시절을 보낸 곳이다. 슈타이나우 박물관과 그림 형제 박물관 앞에는 '개구리 왕자'를 모티브로 한 조각상이 있어 마을 곳곳에 이들의 작품이 살아 숨쉬는 것만 같다. 우리에게도 친숙한 그림 형제의 동화는 창작이 아니라 입에서 입으로 전해 내려오는 독일의 옛 이야기들을 엮은 것이다. 이것들을 자신들의 관점에서 개작해 1812년 최초로 책으로 펴낸 작품이 바로 《그림 형제 동화집》이다. 〈개구리 왕자〉, 〈헨델과 그레텔〉, 〈백설공주〉, 〈잠자는 숲 속의 공주〉 등이 실린 이 동화집은 200여 년이 넘게 전 세계인들의 사랑을 받고 있으며, 2005년에는 세계기록문화유산으로도 등재되었다.

게르만 민족의 민족성과 세계관, 시대 배경이 담긴 그림 형제의 동화들은 어른에게 초점을 맞춰서인지 잔인한 장면들이 많이 등장해 동화집이 출간된 1800년대 초에는 많은 비판을 받기도 했다. 가령, 〈신데렐라〉에서는 신발에 발을 맞추기 위해 엄지 발가락을 자르는 언니들의 모습이 등장하고, 〈백설공주〉에서는 계모가 숯불에 벌겋게 달아오른 신발을 신고 죽을 때까지 춤을 추는 내용이 나온다. 또한 〈헨델과 그레텔〉에서는 마녀가 아이를 푹푹 삶아서 먹었다는 내용 등이 등장해, 아름답고 행복하게 그려져야 할 전형적인 동화의 모습과는 달리 아주 잔혹하다.

이런 잔혹성은 중세의 마녀사냥이나 페스트와 기근이 휩쓸고 지나가 아이를 버렸던 당시의 사회상이 반영된 것이기도 하지만, 독일어를 전공한 한 지인은, 이 잔혹성이 게르만 민족의 잔인함과 야만스러움의 자연스러운 표출이라고 말한다. 제2차 세계대전 중 나치의 전례를 찾아볼 수 없는 유대인 학살이 대표적인 예라고 할 수 있다. 그래서 이런 야만성을 누르기 위해 독일에서는 이성철학이 발전했다고 한다.

그러나 이런 끔찍한 장면들에 비해 밝고 긍정적인 주인공이 자신의 행복을 찾아 씩씩하게 나아가는 모습에서 독자들은 희망을 얻는다. 그리고 착한 사람은 복을 받고 나쁜 사람은 벌을 받는다는 권선징악적 결말에서 큰 가르침을 얻기에 그림 형제의 동화가 오랜 시간 동안 사랑받고 있는 건 아닐까.

고적함이 느껴지는 성에서는 좀전에 주유소에서 만났던 아저씨의 말처럼 연극 연습이 한창이다. 그 아저씨가 무대로 올라와서 대사를 읊으시는 모습이 보인다. 아하, 아저씨도 단원인 모양이다. 너무 재미있다. 그러나 갑자기 퍼붓는 소나기를 피해 몰려든 사람들로 성 안이 금세 복잡해진다. 바람도 거세고 날씨도 제법 춥다.

'이러면 일정에 차질이 생기는데 어쩌지?'

나는 발을 동동 구르며 주변을 둘러보았다. 그러나 아무도 조급해하지 않은 모습이다. 다들 내리는 비를 묵묵히 바라보고 있을 뿐이다. '그래 가끔은 이런 날도 있지!' 라는 생각에 나도 시원하게 내리는 비를 하염없이 쳐다본다. 어쩌면 이 비로 인해 슈타이나우에서 있었던 일들을 좀 더 오래 기억할 수 있으리라.

나는 내리는 비를 바라보다 주유소에서 만났던 아저씨에게 말을 걸었다. 이 마을 사람들이 대부분 연극 활동을 한단다. 대단하지는 않지만, 다들 자부심을 가지고는 배우로 활동하거나 무대를 담당하거나 연출을 한단다. 어느새 담소를 나누는 사이 비가 그쳐 우산을 쓰거나 우비를 입은 사람들이 떠나고 없다. 다시 나타난 햇살이 무척이나 반갑다.

햇살의 등장과 함께 성을 나와 좁지만 아기자기하게 꾸며진 구시가지의 도로를 따라 나는 다시 걷는다. 개인이 평생 동안 수집했던 것들을 전시한 개인 박물관도 구경하고, 외벽에 신데렐라, 빨간색 모자, 라푼젤, 헨델과 그레텔 등이 그려진 예사롭지 않은 벼룩시장Flohmark 도 구경한다. 색이 바랜 책부터 구제 옷 등을 파는 곳으로 남들이 썼던

물건이지만, 제법 깨끗해서 다른 사람들이 다시 사용할 수 있기에 저렴하게 판다고 한다.

독일인은 사실 세련미가 물씬 풍기는 북부 유럽인들이나 자유롭고 히피스럽게 입는 남부 유럽인들과는 달리 실용적이고 경제적으로 입는 것을 즐긴다. 이들은 비싸고 예쁜 옷을 자주 사 입기보다는 질기고 튼튼한 옷을 사서 평생 입는 편이다. 그래서 그들의 의상은 다소 유행에 떨어진다는 느낌을 주는 것도 사실이다. 어쩌면 폴리 카보네이트라는 튼튼한 재료로 100년이 넘어도 파손되지 않는다는 명품 수트케이스, 리모와Rimowa의 탄생도 이러한 독일인들의 소비문화를 대변하는 것이리라.

그런데 구시가지의 집들을 자세히 보다 보니 대부분이 출입문 말고도 문이 하나 더 있다. 이 문의 용도를 알고 싶어 지나가는 사람에게 물어보니 감자, 고구마 등을 보관하는 지하 창고로 통하는 문이란다. 그러더니 그는 구시가지 집들 대부분이 500여 년 전에 지어졌다고 덧붙였다.

나는 재미 삼아 다시 물었다.

"안에도 500년 전 그대로인가요?"

"아이구, 아니죠. 안은 아주 신식이죠."

그 말에 독일산 유명 주방기구들로 가득차 있을 집 안이 머릿속에 그려진다.

걷다가 잠깐 앉아서 차라도 한잔 마실까 하던 찰나 주유소에서 만났던, 좀 전에 성에서 연극을 하시던 아저씨가 친구들과 커피를 마시고 있다. 인사를 건네자 친구 중 한 분이 어떻게 말할지 머뭇거리시다가 툭하고 내뱉는다.

"You, sit."

독일 나치 시절의 어감이 묻어나지만, 나는 그 말을 듣자마자 바로 그들 틈에 비집고 앉았다. 다들 연극을 같이 하는 동료들이란다. 슈타이나우, 이곳은 작은 시골 마을이어서 동양인도 별로 없고 자기 마을 사람이 아니면 배타적이라고 알려주신다. 아, 그래서 아무리 손을 흔들어도 차가 한 대도 서지 않았나 보다. 나를 보고 왜 여기에 왔는지, 소감이 어떤지 묻길래 여행차 왔다고 답했다. 그리고 인포메이션 센터가 역에 있으면 사람들이 더 찾기 쉬울 것이라고 제안했더니 좋은 생각이라며 마을 회의 때 건의하겠다고 한다.

커피를 마시며 그들과 도란도란 이야기를 나누다 보니 어느덧 떠날 시간이다. 만남이 있으면 헤어짐도 있는 법. 작별 인사를 하니 주유소에서 만난 아저씨가 역까지 태워다 주시겠단다. 그의 호의를 거절할 수 없어 대신 나는 그의 커피 값을 지불했다.

문득 얼마 전에 만난 프랑크푸르트 공항의 슈퍼마켓에서 일하는 한국인 아주머니의 말이 떠오른다. 독일로 이민을 온 지 어언 20여 년이 된다는 그분에게 나는 독일과 한국 중 어디가 더 좋은지 물었다.

"독일은 심심한 천국이고, 한국은 재밌는 지옥이에요."

독일과 한국을 이렇게 간단히 비유할 수 있다니 참으로 명언이 아닐 수 없다.

기차가 평온한 동화 마을을 지나간다.

전쟁의 상처를 이겨내고
필수 여행 코스가 된 메콩 델타

베트남하면 나는 베트콩이 가장 먼저 떠오른다. 여기서 베트콩이란 북베트남의 군사 조직이나 영화 제목이 아니다. 어릴 적 아버지는 약주를 하실 때면, "이게 바로 베트콩이대이."라고 하시면서 콩을 주시곤 하셨다. 그 콩에는 설탕이 묻어 있어 달달하니 맛있었다. 그래서 나는 아버지가 약주를 하시는 날이면 아버지 곁에 착 달라붙어 있곤 했다. 하지만 나는 아직까지 아버지를 제외하고 그 콩을 베트콩이라 부르는 사람을 아무도 보지 못했다. 유머 감각이 풍부한 아버지께서 어린 내게 장난을 치셨던 모양이다.

제2차 세계대전 후 베트남은 남북으로 나뉘어 20여 년 동안 통일전쟁을 치렀다. 그리고 소련과 중국의 지원을 받은 북베트남이 미국의 지원을 받은 남베트남에 승리를 거둬 공산주의 국가가 되었다. 호치민 시를 걷는 지금, 마치 우리나라의 1970년대 모습을 보고 있는 것만 같

다. 시계가 거꾸로 돌아간 듯 초라한 모습
이다. 그러나 정작 발걸음을 옮겨 도심 안
으로 들어가니 속살을 드러낸 도시는 외국
기업의 옥외 광고판과 양복을 입고 출퇴근
하는 사람들에게서 산업화의 바람이 느껴
진다. 공산주의 국가답지 않게 자유로운
사회 분위기 탓인지 파란색 눈의 관광객도
상당수다.

　우리나라 대학생들의 필수 여행 코스
가 유럽 배낭여행이라면, 호주와 유럽의
필수 여행 코스는 태국-베트남-캄보디
아-라오스일 정도로 베트남은 인기가 많
다. 특히 태국을 몇 번씩이나 다녀오는 유
럽 친구들을 보며 나는 '갔던 곳에 또 가는
이유가 뭘까?' 라는 의문이 들었다. 그러나
2년 전, 직접 태국을 여행하고는 '정말 미
칠 정도로 서양인들이 좋아할 만한 곳이구
나!' 라고 느꼈다.

　오늘 와서 본 베트남도 그러하다. 우
선 저렴한 물가가 내 주머니 사정을 배려
해 주는 것만 같다. 또한 쌀국수, 월남쌈
등 담백하고 맛있는 음식과 신선한 과일

등 먹거리가 풍부해 입이 즐겁다. 게다가 늘 웃으며 관광객을 맞이하는 친절한 사람들과 화려한 밤문화, 자유로운 도시 분위기 등 베트남은 참 많은 매력을 지녔다.

호치민 여행의 기본이라고 할 수 있는 메콩 강 투어, 전쟁의 상흔을 느낄 수 있는 구찌 터널과 맹그로브 숲을 볼 수 있는 깐저 투어 등은 대개 아침 일찍 시작된다. 그래서일까. 이른 시간임에도 호텔 로비는 관광객으로 발디딜 틈이 없다. 자유로운 여행을 좋아하는 나지만, 나도 가끔 이런 단체 투어를 이용하기도 한다. 단체 투어의 매력은 무엇보다도 일행들과 친구가 되기 쉽다는 점이 아닐까 싶다.

세계 각지에서 온 남녀노소의 이방인들과 인사를 하고 나서 콩나물 시루가 된 버스에 매달려 메콩 델타 투어의 시작점인 미토My Tho 시에 도착했다. 거기서 우리 일행들은 보트로 갈아탔다. 투어 가이드가 자신을 푸라고 소개하고 간단한 설명을 시작한다. 그의 영어 발음과 말투가 너무 재밌다. 사람들이 하나둘 키득키득 웃어댄다.

보트가 유니콘 섬에 정박하자 나는 베트남 꿀도 맛보고, 그들의 전통 의상인 아오자이를 입은 여성들의 노래와 연주를 구경하면서 신선한 과일을 한 입 베어 물었다. 여기서 관광객들에게 가장 인기가 많은 것은 뱀을 목에 걸고 사진 찍는 것. 이것 또한 그냥 지나칠 수 없다. 내가 크고 무거운 뱀을 목에 걸고 사진을 찍자 푸가 한마디한다.

"어? 한국 여자들 중에 이렇게 하는 사람 없던데……. 진짜 용감하네요!"

사진을 찍고 나서 메콩 강을 보기 위해 작은 보트로 갈아타니 베트남 전쟁을 다룬 영화에서 봤던 메콩 델타Mekong Delta가 눈앞에 시원하게 펼쳐진다. 영화 속에서는 베트공 사람들이 작은 보트를 타고 밀림같은 맹그로브 나무들 사이를 지나다니며 게릴라전을 펼쳤었다.

지금은 관광객들이 유유히 배를 타고 경치를 즐기는 곳이 되었지만, 불과 몇십 년 전만 해도 이곳에서 사람들은 목숨을 걸고 나라를 되찾기 위해 제국주의에 맞서 싸웠다. 강대국들의 힘의 논리에 의해 30여 년간 남과 북으로 나뉘어 동족간에 서로 총부리를 겨누고 끊임없이 전쟁을 치른 아픈 역사를 가진 곳이다.

제2차 세계대전 이후 발발한 한국전쟁과도 비슷하다는 생각에 메콩 델타를 보는 시선이 마냥 즐겁지만은 않다. 하지만 어쩌겠는가. 이미 지나간 과거이고, 역사의 한 페이지로 남겨진 일인 것을. 다시 그런 역사가 반복되지 않기만을 기원할 뿐이다.

밀림에서 빠져 나오자 배가 관광객들을 코코넛 캔디를 만드는 곳에 내려놓는다. 엿보다도 부드럽고, 카라멜처럼 달짝지근해 몇 개를 주워 먹으며 푸에게 결혼했냐고 물었더니 싱글이라며 관심 어린 질문에 좋아하는 눈치다. 그러더니 투어 내내 관광객들과 애기도 잘 하고, 심심찮게 말도 걸어주는 내가 승무원인 것을 알아채고는 사심을 한듯 한마디한다.

"당신, 기내에서 승객들 엄청 꼬셨겠군요."

일행들이 그 말에 파안대소를 한다. 어머나, 무슨 소리. 푸가 이건 모르는가 보다.

'Do talk, no action!'

푸와 함께 사진을 한 장 찍은 후, 그 사진을 들여다 보노라니 오늘 들은 라디오 사연이 생각났다. 〈박명수의 2시의 데이트〉였지 아마. 박명수 씨가 여자 동료와 찍은 사진에서 손을 어깨 위에 놓은 것 때문에 곤혹을 치르고 있다고 했다. 내 어깨에서 손을 살짝 뗀 것을 보니 푸가 매너남이라는 생각이 든다.

"당신들 개구리, 뱀, 아나콘다, 비둘기, 거북이 중에서 뭘 먹을 거예요?"

점심을 먹기 위해 앉은 레스토랑에서 메뉴를 보고 놀란 사람은 나뿐만이 아닌 모양이다. 선명한 사진과 함께 나열된 신기한 음식들 앞에서 많은 사람들이 눈을 크게 뜨고 메뉴판을 다시 보거나 눈살을 찌푸리거나 카메라에 담고 있으니 말이다. 나는 제일 무난해 보이면서도 미토 시에서 가장 유명한 엘리펀트 피쉬를 주문했다. 굵은 비늘이 그대로 박혀 있어 생긴 건 무섭지만, 살을 발라서 간장에 찍어 먹으니

꽤나 맛있다. 여기에 맥주가 빠질 수 없다!

나는 체류할 때마다 그 나라 맥주는 꼭 마셔본다. 그런데 맥주를 얼음에 부어 마시는 이 나라 사람들의 입맛 때문인지 사이공 맥주와 333 맥주도 물을 탄 듯 약하다. 하루 종일 수고한 푸를 불러 맥주를 하나 건넸다. 그가 함박 웃음을 지으며 특유의 재밌는 발음으로 화답한다.

"You are very helpful."

맥주를 함께 마시며 어떻게 가이드가 됐는지, 일이 힘들지는 않는지 등 얘기를 나누는 사이, 벌써 점심시간이 끝난 모양이다. 푸가 시간이 없다며 빨리 가잖다. 투어는 이래서 싫다. 편하긴 하지만, 시간과 사람에 쫓기니 말이다. 일행을 따라가면서도 눈치껏 해먹에도 누워보고 사진도 찍어본다.

그리고 결국에는 예전부터 사려고 마음먹었던 해먹을 하나 장만

했다. 붉은 해먹을 매달고 누워서 쉴 수 있는 바다나 산으로 놀러 갈 수 있다는 생각에 마음이 들뜬다. 사랑하는 사람과 함께라면 더 없이 좋겠다.

투어를 끝내고 돌아오는 버스에서 일행들에게 일정을 물어보니 어떤 사람은 현지인의 집에서 투숙을 하면서 메콩 델타 투어만 5일을 한다고 하고, 어떤 사람은 베트남의 가장 북쪽의 산악 도시인 사파Sapa 에서부터 메콩 강까지 일주일 넘게 버스를 바꿔타면서 구경을 할 거란다.

버스는 가다가 큰 배낭을 짊어진 유럽 친구들이 버스를 갈아탄다고 해서 정류장에 잠깐 멈췄다. 오래전 호주에서 내 덩치만한 배낭을 매고 밤낮으로 버스를 갈아타며 수많은 곳을 구경하고, 수많은 사람들을 만났던 때가 문득 떠오른다. 그 여행에서 나는 식견을 넓히고, 다양성과 다름을 이해하고 존중하게 되었다. 그리고 무엇이든 할 수 있다는 자신감과 내가 꿈꾸는 미래와 삶을 위한 계획들을 세우고 실천할 수 있는 초석을 쌓았다.

파란색 눈의 젊은 친구들도 아마 태국, 베트남, 캄보디아, 라오스 등을 넘나들며 정신적인 성장을 할 것이다. 나와 다른, 새로운 세상을 경험하는 것이야말로 성장에 좋은 밑거름이 된다는 것을 나도 이미 경험했기 때문이다. 경험만큼 자신을 크게 성장시키는 수단은 이 세상에 없다. 그렇게 본다면 여행이야말로 인간을 가장 크게 변화시키는 최고의 수단인 것이다.

어느덧 영원할 것만 같던 태양이 인도차이나 반도에서 뒷걸음질을 치며 저만치 멀어진다. 어둠이 내려앉았지만, 배낭여행객들로 가득한 데탐거리는 더욱 활기가 넘친다. 베트남하면 떠오르는 스쿠터 부대가 굉음과 함께 끊임없이 눈앞을 스쳐 지나간다.

호치민시의 인구가 700만 명인데, 오토바이가 무려 300만 대라고 하니 두 명당 한 대 꼴로 오토바이를 가지고 있는 셈이다. 어디 호치민 시뿐인가? 하노이 등을 가도 오토바이를 탄 사람을 무수히 볼 수 있다. 최근 베트남에는 스쿠터로 인해 버스 이용률이 낮아지고, 교통이 혼잡스러워져 사회 문제가 되고 있다고 한다.

하지만 굉음을 울리는 스쿠터를 타고 씽씽 달리는 모습을 보니 관광객 입장에서는 그저 즐겁기만 하다. 게다가 긴 생머리에 헬멧을 쓴 여자, 정장을 입은 남자, 아이 셋을 태운 엄마 등 풍경도 가지가지다. 유심히 그들을 보다가 나는 문득 뚱뚱한 사람이 하나도 없고, 여자라면 모두 긴 생머리를 하고 있다는 것을 알아챘다. 긴 생머리에 날씬한 여자가 여기 베트남에서는 미인인가 보다.

뱃속에서 요기거리를 달라는 아우성에 허름하지만 길가에 운치 있게 자리한 식당으로 들어갔다. 튀기시 않은 스프링롤과 가장 무난한 소고기 쌀국수Pho를 주문했다. 거기에다 과일과 맥주까지 추가했더니 점원이 한 사람이 더 오느냐고 묻는다. 혼자라는 말에 주변의 이방인들이 심심찮게 말을 건넨다.

예상외로 이 허름한 곳에서도 와이파이가 잡힌다. 유럽의 비싼 레스토랑을 가도 와이파이가 터지지 않는 곳이 많은데, 아시아에서는 어느 나라건 인터넷 서비스기 잘 되어 있다는 것을 새삼 느끼게 된다.

혼자 맥주를 마시며 접시를 싹싹 비우는 것을 옆 테이블에서 대놓고 지켜보던 파란 눈의 중년 아저씨가 내가 한국인이라는 것을 알고는 말을 건다.

"한국 여자들이 너처럼 예쁘다면 다음 여행지는 한국이야!"

나는 한국에서는 예쁜 얼굴 축에도 못 낀다며, 못 믿겠으면 직접 확인해 보라고 할 수밖에 없었다. 베트남 점원의 따뜻한 웃음과 여행객들의 왁자지껄함이 모여 호치민에서의 즐거운 저녁이 흘러간다.

문득 세계 4대 뮤지컬 중 하나로 꼽히는 〈미스 사이공〉이 떠오른다. 베트남 전쟁을 주제로 사람들 사이의 사랑과 갈등을 다뤄 전 세계인의 많은 사랑을 받고 있는 뮤지컬이다. 거기에서 흘러 나온 'Bui doi' 가 그리워지는 밤이다.

타워 브릿지에서의
수줍은 입맞춤

런던은 10여 년 전 내가 처음으로 해외여행을 떠난 도시이자, 처음으로 발을 디딘 도시였다. 누구에게나 그렇지만, '처음'이라는 건 항상 특별하고, 기억에 남는 법이다.

그러나 나는 런던에 대해 특별한 감정이나 느낌이 별로 없다. 며칠간 여행하며 찍은 사진들을 담은 사진기를 체코의 프라하에서 잃어버린 뒤 나는 이 도시에 대한 기억끼지 모두 잃어버렸나 보다. 그도 아니라면 그동안 만났던 냉철하고 감정없는 영국인들에게 좋지 않은 감정을 가지고 있기 때문인지도 모른다. 하지만 자유로운 분위기의 코벤트 가든과 실크로 만들어진 듯 아름다운 타워 브릿지만큼은 내 기억 속에 또렷히 남아 있다.

10년 만에 다시 들른 런던. 10년이면 강산도 변한다지만, 이곳 날씨는 여전히 매섭기만 하다. 빨간색의 지하철과 지하철로 향하는 에

스컬레이터 양옆으로 수십 개의 뮤지컬 포스터도 그대로고, 그래피티로 가득한 빨간 2층 버스와 빨간 전화박스도 여전하다.

퇴근 시간, 지하철 안은 하루 일과에 지친 런던 사람들Londoner로 가득하다. 대부분의 남자들이 매끈한 정장에 트렌치 코트를 입었다. 그러고 보니 이곳이 트렌치 코트로 대표되는 신사의 나라, 영국이 맞긴 한가 보다.

문득 얼마 전 함께 비행했던 영국인 동료가 떠오른다. 그는 자신을 UK나 England가 아닌 Great Britain 출신으로 소개했다. 틀린 말은 아니지만, 그 속에는 세계에서 가장 위대한 국가 출신이라는 의미가 담겨 있다. 콧대 높은 기질과 또박또박 끊기는 차가운 발음에서 느껴지는 영국인들의 자부심은 도대체 어디에서 온 것일까?

영국은 예로부터 막강한 군사력으로 수많은 식민지를 거느렸고, 산업혁명 이후 눈부신 산업 발전을 했다는 것은 두말할 필요도 없다. 한때 영국의 식민지였던 53개의 영연방 국가들은 지금도 한데 모여 그들만의 올림픽인 커먼웰스 올림픽을 개최한다. 영화 〈러브 엑츄얼리〉에 나오는 대사처럼 영국에는 비틀즈, 해리포터, 베컴도 있다.

게다가 런던의 중심가인 옥스퍼드 거리에는, 전 세계에서 사랑받는 영국의 의류, 신발, 속옷, 액세서리 브랜드를 비롯해 왕실에서 애용하는 품격 있고, 전통 깊은 고급 차tea와 수제 비누 등을 파는 샵들이 줄지어 늘어서 있다. 'English Breakfast'라는 차 이름조차도 수세기 걸쳐 그들의 역사가 만들어낸 자존심의 결과다. 영국이라면 반감부터 드러내고, 맛도 없는 'English Breakfast'를 왜 마시냐던 내가, 이제는 우유를 섞은 따끈한 그 차에 쿠키를 찍어 먹는 것을 보면, 그들의 '대단한' 문화에 동화가 되어 가는 모양이다.

10년 만에 볼 코벤트 가든을 생각하니 걸음이 빨라진다. 그러나 겨울이어서인지 무척 썰렁하다. 세계 각지에서 온 예술가들과 관광객들로 시끌벅적하던 여름의 분위기는 온데간데없다. 평일 퇴근 시간이라 주머니에 손을 넣고 종종걸음으로 걸어가는 사람들로 거리는 더욱 쓸쓸하게만 느껴진다. 나는 비로소 깨닫는다. 누구와 여행을 하느냐

도 중요하지만, 언제 오느냐도 참 중요하다는 것을…….

현재의 코벤트 가든은 수많은 카페, 레스토랑, 쥬얼리샵, 앤티크샵, 극장 등이 자리해 고풍스러우면서도 현대적인 느낌을 준다. 하지만 1세기부터 조성된 이곳은 1970년대 초까지만 해도 영국에서 가장 큰 청과물 시장이 있던 곳이다. 그런데 1640년대에 공연이 시작되면서부터는 런던 공연·문화의 중심지 역할을 하고 있다. 굳이 근처의 뮤지컬 극장이나 오페라 극장을 가지 않아도 시장을 구경하면서 길거리 곳곳에서 예술가들을 만날 수 있고, 아마추어가 부르는 청아한 아리아를 들을 수 있으며, 품격있는 클래식 공연도 볼 수 있다.

중심 건물인 애플 마켓Apple Market에 들어서자 역시나 귓가에 아름다운 선율이 울려 퍼진다. 얼어붙은 내 마음을 녹여주는 공연을 하는 사람들은 호주의 뮤지션들이다. 잠시 한쪽 계단에 앉아 그들의 다채로운 클래식을 듣는다. 시장에서 편한 옷차림에 즐기는 클래식은 드레스를 한껏 차려입고 클래식 공연장에서 즐기는 것보다 재미있다. 모든 이들이 예술을 받아들이고 즐기는 태도가 다르듯이 이곳에서는 내가 즐기고 싶은 공연을 자신의 방식대로 자유롭게 즐기면 된다. 청바지를 입고 햄버거를 먹으며, 예쁜 드레스를 입고 커피를 마시며, 어떤 사람은 조용히 눈을 감고 듣는가 하면, 어떤 사람은 그림을 그리며 듣는다. 이렇듯 코벤트 가든은 다양성, 자유, 열정, 젊음, 용기, 도전으로 대표되는 곳이기에 내가 런던에서 가장 좋아하는 곳이다.

차가운 바람이 볼을 할퀴고 지나간다. 이것이 겨울에 와 보는 런던만의 묘미가 아닐까라고 위로하니 시린 바람이 오히려 신선하게 느껴진다. 타워 브릿지역을 나오니 해가 스멀스멀 기울기 시작한다. 지하철을 'subway' 가 아닌 'underground' 라고 표시한 안내판이 노을을 뒤로 하고 눈앞에 커다랗게 들어온다.

타워 브릿지는 텔레비전이나 책에서만 보던 것 중에서 내가 처음으로 직접 접한 건축물이다. 영국의 전성기인 100여 년 전 빅토리아 여왕 때 지어진 저 다리에 파란색의 실크를 두른 것 같은 물결 모양이 너무나 아름다워 한참을 멍하니 바라보았던 기억이 난다. 다시 보지만 타워 브릿지는 역시나 동화 속에 등장하는 다리처럼 여전히 아름답다.

타워 브릿지 위로 올라가 고적한 차도와 인도를 번갈아 걷는다. 교각 위에 설치된 건물은 일반인들에게 결혼식 등을 위해 대여를 해

준다. 타워 브릿지에서 결혼식이라……. 이보다 더 로맨틱한 결혼식이 있을까? 불어오는 시원한 강바람에 자연스레 몸을 맡겨본다.

저 멀리 바삐 걸음을 옮기는 영국인들 사이로 한 무리의 청년들이 보인다. 독특한 복장으로 보건대 유대인들도 아닌 것 같고, 성을 지키는 근위병도 아닌 것 같다. '저들은 누구일까?' 라고 생각하는 사이 잘생긴 청년이 다가와 서툰 영어로 사진을 한 장 찍어달란다. 가까이서 보니 스페인 국기 배지를 달았다.

"마드리드에서 온 종교인들인가요? 그 복장들은 뭐예요?"

내 물음에 청년들이 깔깔 웃어댄다. 그러더니 음악을 하고 노래를 하는 사람들이라며 자신들을 소개한다. 그들의 젊음과 용기가 부러운 것을 보니 10년 전의 내가 지금은 많이 변했나 보다. 이것도 인연인데 같이 사진을 찍자고 했더니 좋단다. 그런데 사진을 찍어주는 분의 "원. 투. 쓰리!"에 맞춰 덩치 큰 청년이 나의 엉덩이를 꼬집는다. 나는 당황하기는커녕 '어라? 이 녀석이?' 라며 그 청년의 엉덩이를 잡아서 세게 비튼 뒤 슬며시 잘생긴 청년 옆으로 도망친다.

비행으로 천근만근 피곤이 몰려온다. 삘리 호텔로 돌아가 쉬고 싶은 생각에 작별 인사를 건네야겠다고 했더니 자기네들의 인사 방식이라며 뽀뽀를 해야 한단다. 깊은 우정을 의미하는 다섯 번의 뽀뽀를 해야 한다면서 차례대로 다섯 번씩 나의 이마와 볼에 뽀뽀를 해댄다. 마지막으로 잘생긴 청년 차례다. 볼에 뽀뽀를 할 거라고 생각했더니 갑자기 입맞춤을 한다.

볼까지 빨개진 나는 그렇게 다섯 명에게서 뽀뽀 세례를 받고 작별 인사를 나눴다. 수줍은 입맞춤을 하고 돌아서서 걸으니 그들의 유쾌한 웃음 소리가 뒷전에서 점점 멀어져 간다. 런던 타워 브릿지에서, 그것도 처음 본 멋진 스페인 청년과 입맞춤이라니……. 영화에서 이런 장면을 본다면 꽤나 낭만적일 거라는 생각이 든다.

여행의 묘미란 이처럼 낯선 곳에서 낯선 사람들을 만나는 것이다. 하지만 좀 지나면 그곳은 더 이상 낯선 곳이 아니며, 그들도 낯선 사람이 아니다. 단지 여행을 통해 이루어진 특별한 만남과 헤어짐이 있을 뿐……. '會者定離 去者必返'이라고 했던가. 그러니 모든 인연에 연연하지 말지어다.

나는 아쉬운 마음에 한번 더 돌아서서 타워 브릿지의 야경을 눈에 담는다. 옮기는 발걸음마다 아쉬움이 한 발자욱씩 덜어진다.

별들이 쏘곤대는 홍콩은
정말 홍콩 가지!

"홍콩 가지, 홍콩 가."

어릴 적부터 들어온 이 말. 특히 대학 동창 중 한 명은 내가 그 레스토랑의 음식은 어떤지, 그 가게의 옷은 어떤지 등을 물을 때마다 "홍콩 가지!"라고 대답하곤 했다. 정말 홍콩으로 여행간다는 것이 아니라 미친듯이 좋다는 의미인데, 왜 이런 말이 나왔는지 모르겠다. 홍콩이 그만큼 좋다는 뜻일까?

홍콩은 실제로 화려한 야경뿐 아니라 쇼핑, 공연, 음식 등 매력적인 요소들이 너무나 많은 곳이다. 그 매력들은 문화의 차이나 이질감 등이 아니라 마치 오래전부터 알아왔던 것처럼 친근하게 다가온다. 그래서 많은 한국인들이 홍콩을 가는지도 모르겠다.

12월이지만 창밖으로 따뜻한 햇살이 너무나 눈부시다. 마음이 바빠 나갈 채비를 서두른다. 모처럼 홍콩에 온 탓에 흥분한 모양이다.

홍콩을 좋아해 50번도 더 다녀왔다던 친한 언니가 이곳에서 제일 좋아하는 곳이라며 스탠리를 추천했다. 그래, 날씨도 좋고 예전에 가보지 못한 곳이니 한 번 가보자!

센트럴 역에서 스탠리로 향하는 여러 편의 버스 중 나는 경치가 가장 아름다운 곳, 리펄스 베이Repulse bay를 지나는 6번 버스의 2층에 자리를 잡았다. 드문드문 사람을 태운 버스가 복잡한 센트럴 역을 지난다. 높고 화려한 빌딩 사이로 좁고 낡은 건물들을 보며 나는 학창시절에 봤던 영화들을 떠올렸다. 90년대 초에 주윤발, 유덕화, 장국영으로 대변되는 홍콩 문화에 한창 빠져 있던 오빠들 틈에 끼어 〈천장지구〉부터 'Califonia dreaming'이 흘러나왔던 〈중경삼림〉에 이르기까지 많은 홍콩 영화들을 봤었다. 그 덕분일까. 홍콩의 거리와 문화가 익숙하게 다가온다.

홍콩이라면 아름다운 야경, 소호SOHO의 미드레벨 에스컬레이터, 영화의 거리 등 볼거리가 많지만, 뭐니 뭐니 해도 내 기억에 가장 남는 것은 청킹 맨션이다. 2년 전 태국에서 휴가를 마치고 아무 계획도 없이 홍콩을 들러 나는 제일 먼저 청킹 맨션으로 향했다. 그곳은 〈중경삼림〉에서 임청하와 금성무가 만나 술을 마신 곳이자 오렌지 빛 네온 싸인이 가득한 곳이기도 했다.

그러나 좁고 낡아빠진데다 닭장 같은 이곳을 가득 채운 외국인 노동자들과 1층 상가의 시끄러운 장사꾼들을 보고는 얼마나 놀랐던지……. 더구나 살인이나 실종 같은 강력 범죄가 빈번히 일어난다니 겁도 났다. 하지만 정작 높은 층에 위치한 방을 얻어서 창밖을 내려다 보니 허름하게 차려입은 수많은 인파와 얼키고 설킨 전선줄, 바람에 날리는 빨랫감이 제일 먼저 눈에 들어왔다. 그리고 그곳에서 나는 2009년 새해를 맞이했다. 영화의 화려함 속에 감춰진 이런 모습이 어쩌면 홍콩의 본모습이라는 생각이 들었다.

버스는 40여 분을 달려 마침내 스탠리에 도착했다. 스탠리는 해변가에 있어 바람을 쐬기에도 좋고, 유럽풍 카페가 줄지어 있어서 현지인들과 관광객들에게 늘 사랑을 받는 곳이다. 유럽인들이 많이 거주해 집 값이 비싼 것으로도 유명하다. 경치가 좋은 장소에 살고 싶은 것은 인간이라면 누구나 가지는 욕망이리라.

나는 이정표가 가리키는 대로 스탠리 마켓Stanley Market을 향해 걸었다. 중국에 있는 시장이 다 그렇듯이 이곳도 조잡스러운 옷들과 조각품들이 대부분이다. 구경을 하는 둥 마는 둥 걷다 보니 해변가다. 스탠리만이 눈앞에 시원하게 펼쳐진다. 발을 담그고 싶어 물에 뛰어들었더니 의외로 물이 차지 않다.

옆에 있던 외국인들에게 사진을 찍어달라고 부탁한 후 잠깐 대화를 나눴다. 독일에서 왔다는 두 남자는 현재는 상하이에서 살고 있고, 홍콩에는 며칠간 여행을 왔단다. 어머님의 친구분 중에 한국인도 더러 있단다. 제2차 세계대전 후, 한국인 간호사와 광산 노동자들이 독일로 외화벌이를 떠난 적이 있었는데, 그들 중 독일에서 결혼해 정착한 간호사들을 말하는 모양이다. 잠깐 대화를 나눴을 뿐이지만 이상하리만치 편하다.

그들과 작별 인사를 한 뒤 나는 해변을 따라 형성된 작은 마을을 구경하거나 부둣가를 거닐며 시원한 바람을 만끽했다. 그리고 센트럴 역으로 돌아가기 위해 버스를 기다리다가 독일 친구들을 다시 만났다. 난 리펄스 베이 사진을 찍기 위해 6번 버스를 다시 타려고 했는데, 독일 친구들이 노스 포인트North point에서 내려 트램Tram, 전차을 타고 센트럴 역으로 가자고 제안했다. 오랜만에 트램을 타는 것도 좋겠다는 생각에 동행을 하기로 결정했다.

우리는 버스 안에서 자신의 이름에서부터 음식, 책, 영화, 풍수, 국가 등 수많은 주제에 대해 이야기를 나눴다. 필립Philipp이 자기 이름은 'Philosfriend'와 'Hipposhorse의 합성어로, '말의 친구'라고 해서 얼마나 웃었는지 모른다. 그런데 그 이름, 정말 잘 지었다. 1978년생

으로 말띠이기 때문이다. 그들은 둘 다 한국에 대한 지식이 꽤나 많았다. 특히 윌트제Woeltje는 김기덕 감독의 영화 〈봄 여름 가을 겨울 그리고 봄〉을 제일 좋아한다고 했다. 그런 그가 갑자기 물었다.

"한국 책도 읽고 싶은데, 추천 좀 해줄래요?"

"음……. 김동인의 《발가락이 닮았다》?"

박경리의 《토지》나 신경숙의 《엄마를 부탁해》 등 수많은 책들 중에서 나는 무슨 생각으로 《발가락이 닮았다》를 추천했을까? 한때 국문학도였던 나의 참 센스없는 대답이었다고 혼자 되뇌었다.

윌트제는 옛날 그대로의 이 트램, 나무로 된 좁은 2층 트램이 좋단다. 아날로그적인 감성을 가진 나도 낭만적인 트램이 좋다고 답했다. 한 가지 단점이라면 코너를 돌 때면 넘어질 듯 말 듯 아슬아슬해 보는 이의 가슴이 조마조마하다는 것이다. 우리들의 이야기는 새해를 맞아 화려하게 장식을 한 거리의 불빛들과 높은 빌딩들 사이로, 길가의 트램과 버스와 승용차들 사이로, 그렇게 물들어갔다. 이동하면서 대화에 너무 심취한 사이, 어느덧 홍콩의 밤거리는 정말 '별들이 쏘곤대는 홍콩의 밤거리.' 라는 노랫가락이 절로 생각날 만큼 화려함을 드러내고 있다.

그들은 시간이 허락되면 저녁을 함께 하자고 다시금 제안을 해왔다. 하지만 나는 안타깝게도 비행 스케줄상 거절을 해야만 했다. 서로 아쉬움을 뒤로 하고, 나는 그들의 명함을 받아쥐고는 상하이에서 보자며, 그때는 상추로 갈비쌈을 먹고 노래방에 가서 신나게 놀자며 작별 인사를 고했다.

과연 그날이 올까? 때로는 추억이라는 책갈피로 남겨두는 것이
좋을 때도 있는 법이다. 저 홍콩의 화려한 불빛처럼 말이다.

낭만의 도시에서
정든 도시가 된 카사블랑카

'중동과 유럽 문화가 어울려 낭만적인 분위기를 자아내는 카사블랑카에서 하룻밤을…….'

1942년에 개봉한 영화, 〈카사블랑카〉. 많은 사람들이 두 연인의 애절한 사랑 이야기와 주제가 'As time goes by'를 들으며 스페인어로 '하얀 집'이라는 이 도시로의 낭만적인 여행을 한 번쯤은 꿈꿔 봤을 것이다. 나 또한 그랬다. 그러나 영화 한 편과 미디어를 통해 보는 모로코는, 내가 직접 마주한 현실 세계와는 많이 달랐다. 낭만은 무슨. 개뿔이다!

나는 아랍을 두 부류로 나눈다. 사우디아라비아, 아랍에미리트, 카타르 등 걸프 지역의 잘 사는 나라들과 이집트, 알제리, 모로코 등 아프리카 대륙에 위치하지만, 아랍적인 속성을 지닌 위험하고 못 사는 나라들로 말이다. 두 부류 중에서 특히 후자 지역은 사람들의 성향

CASABLANCA
Souvenir CASA BLANCA
Souvenir
BLANCA
Souvenir CASA BLANCA
CASA BLANCA
Souvenir BLANCA
Souvenir CASA BLANCA
Souvenir CASA BLANCA
Souvenir CASABLANCA
CASA BLANCA
CASA BLANCA
CASA BLANCA
CASA

뿐 아니라 말투도 상당히 공격적이고 무례하다. 아랍 혹은 중동이라면 비슷비슷하다고 생각했던 나는, 짙은 화장과 화려한 치장을 하고, 다른 나라들과 비교되는 것을 굉장히 싫어하는 콧대 높은 모로코인들을 보며 그 나라가 궁금해졌다.

리비아의 트리폴리를 거쳐 모로코의 카사블랑카로 가는 비행은 소문대로 정말 최악이었다. 승객들은 여기저기서 자리를 바꿔달라며 난리를 치고, 앞 사람이 의자를 뒤로 젖힌 채 밥을 먹어서 불편하다며 얼굴에 주먹을 날리는가 하면, 식사 시간이 끝난 뒤 남자들끼리 삼삼오오 모여서 차를 마시는데 어찌나 시끄러운지. 앞쪽 캐빈에는 별 다방이, 뒤쪽 캐빈에는 콩 다방이 생겼다고나 할까.

이름만으로도 왠지 낭만적일 것만 같은 카사블랑카에 드디어 첫발을 내디뎠다. 도하처럼 더울 줄 알았더니 바람도 제법 불고 햇볕도 그리 따갑지 않다. 길거리의 야자수가 지중해에 있는지, 아프리카에 있는지 착각을 불러일으킨다. 아프리카에 속하면서도 지중해를 통해 유럽과 맞닿아 있는 카사블랑카는 역시나 유럽색이 짙다.

도하보다 자유로운 이 도시를 이방인의 눈으로 구석구석 구경하다 보니 어느덧 눈부신 하늘과 맞닿은 바다 위로 모스크가 보인다. 송글송글 맺힌 땀이 불어오는 시원한 바닷바람에 날아갈 것만 같다.

눈에 보이는 핫산 2 모스크Mosque. 이슬람교의 예배당는 세계에서 가장 높은 210m의 미나렛Minaret. 첨탑을 가진 이슬람 사원으로, 세계에서 7번째로 큰 모스크다. 카사블랑카의 랜드마크인 이 사원은 실내에 2만 명, 실외에 8만 명, 총 10만 명이 기도할 수 있는 거대한 사원으로

내부까지 구경하려면 정해진 시간에 가야만 한다. 성별이 분리된 기도실로 들어서자 여자 관리인이 차도르를 두르라고 한다. 가져온 자켓으로 어찌 요량을 부려볼까 하는 찰나 여자 관리인이 자신의 스카프를 건넨다.

아라비아인과 아프리카인들이 좋아하는 금색이나 원색을 사용해 실내가 무척 화려할 것으로 예상했는데, 의외로 아이보리 색의 대리석으로 은은하다. 사파이어 색의 모로코 전통 문양으로 된 모자이크 형태의 강렬한 외부와는 완전히 대조적이다. 불이 꺼진 천장의 샹젤리제는 먼지가 자욱하다. 알아들을 수 없는 코란의 말씀이 울러퍼지는 넓은 실내는 무슬림의 간절한 염원을 담고 있는 듯하다.

실내를 구경하고 밖으로 나오니 모스크 주변에는 놀러온 사람들로 넘쳐난다. 아이와 공놀이를 하거나 음식을 가져와 먹는 것을 보니 마치 소풍을 온 것 같다. 데이트를 하는 남녀의 모습도 심심찮게 보이고, 갈색 머리를 한 관광객들도 상당수 눈에 띈다. 나도 그들 틈에 앉아서 잠깐 휴식을 취하기로 했다.

그 외중에 재미난 일이 벌어졌다. 꼬맹이 형제가 주인공으로, 형만 공을 가지고 놀자 동생이 울먹이기 시작한다. 우는 모습이 너무 귀여워 내가 중재에 나섰다. 형에게 한쪽 눈을 깜빡이며 공을 뺏어서 동생에게 주었더니 '어, 이건 뭐지?' 라는 듯 황당해하더니 금세 환한 표정을 짓

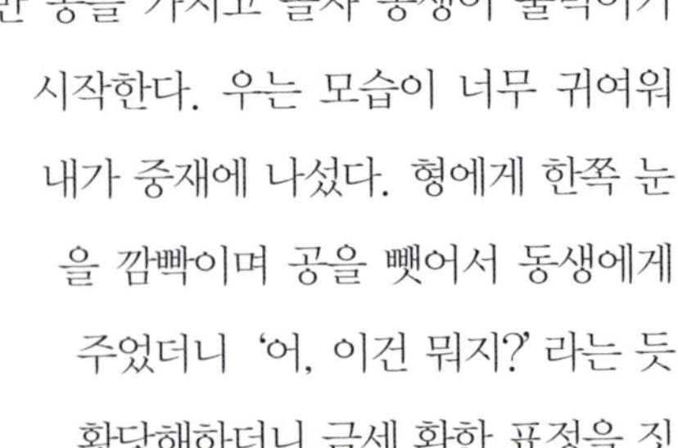

는다. 공을 쥐어주며 "뽀뽀!"라고 입술을 내밀자 이 녀석도 싫지 않은 듯 입술을 내민다. 이 녀석에게는 이방인들 중 내가 첫 키스 상대이리라. 이 모습에 아이의 부모와 놀러 온 사람들이 신나게 웃는다. 장난삼아 "너, 나 따라갈래? 나랑 같이 한국 가자."라며 손을 끌었더니 다시 울먹인다. 아이는 울고, 주변 사람들은 웃고.

유명한 건물이나 맛있는 음식보다는 현지인의 일상 생활과 그들의 얼굴을 카메라에 담기 좋아하는 나는 모스크 밖에서 사람들의 자연스러운 모습들을 하나둘 담아본다. 외벽에 걸어둔 낡은 빨래, 낮은 지붕에 옹기종기 얹어진 안테나, 공원에서 뜀박질에 땀이 송송 맺힌 꼬맹이 녀석들의 모습 하나하나를 놓치지 않으려고 바쁘게 셔터를 눌러댄다.

그리고 나서 나는 시장을 들렀다. 사실 시장만큼 서민들의 삶과 인심을 체험하기에 좋은 곳은 없다. 그래서 나는 세계 어디를 가나 시장은 꼭 들르는 편이다.

중동 지역에서는 시장을 숙souq이라고 부른다. 우리나라의 재래시장 같은 곳으로, 기념품과 먹거리를 파는 가게들이 즐비하다. 알록달록 예쁜 접시와 설탕 등 조미료를 보관하는 티진Tajin도 구경하고, 아랍 국가에서는 질내 빠뜨려서는 안 되는 시샤Shisha. 물담배와 조명 램프도 요리조리 훑어본다.

그리고 나는 결국 기념품이자 선물용으로 모로코풍의 거울과 장식용 신발, 접시, 타진을 샀다. 주인 아저씨에게 모두 예뻐서 어떤 것을 고를지 모르겠다는 둥, 숙이 너무 좋다는 둥 농담을 건네며 좀 깎아달라고 했더니 "HabibtiHoney 정도의 뜻을 가진 아랍어, You are pretty so I

TAILLEUR

give you discount, ok?"라며 내가 고른 물건들을 신문지로 조심스럽게 싼 뒤 비닐 봉지에 넣어 준다.

그러고 보면 그들은 아무 여자한테나 예쁘다, 사랑한다라는 말을 참 잘 한다. 듣기 거북하거나 문제가 될 때도 있지만, 한편으로는 애정 표현을 참 잘 한다는 생각도 든다. 사실 아랍 여성들의 몸과 얼굴을 가리는 검은색 의상은 자신들의 편의와 선택에 의한 게 아니라 남자들이 자신의 여자를 보호하려는 데서 비롯되었다고 한다.

다른 사람이 자신의 부인을 보는 것을 싫어해 몸은 물론 눈도 마주치지 못하게끔 얼굴을 다 가리는 것은 여성의 자유를 제한하는 행동이기도 하지만, 한편으로는 자신의 여자에 대한 깊은 사랑에서 비롯된 것이라고 할 수 있다. 기내에서 마주치는 아랍인 부부, 가령 핸드백 하나만 간편하게 든 예쁜 부인 뒤로, 아이들을 줄줄이 안은 채 짐을 지고 타는 허름한 남편의 모습을 보노라면, 아랍 여성들의 삶이 그리 나쁘지만은 않다는 생각이 들기도 한다.

나는 시장에서 좀 더 깊숙이 들어가 채소와 과일을 파는 곳으로 이동했다. 먼저 사람들이 둘러서서 쏙쏙 빼먹고 있는 달팽이를 먹어 보았다. 물에 허브와 모로코풍의 스파이스를 넣고 달팽이를 삶아서인지 제법 맛있다. 짠 국물은 마시지 못 하고 계산을 하기 위해 주인인 할아버지에게 돈을 건넸다.

그 순간 할아버지가 내 손을 확 낚아챈다. 너무 당황해서 '이 할아버지가 왜 이러실까?' 라고 생각했더니 자기 모자를 씌워주면서 같이 사진을 찍잖다. 그 찰나에도 나는 얼른 국자를 집어 늘었다. 함께

온 동료들과 주변 사람들이 크게 웃는다. 동료들이 어떻게 그렇게 현지인들과 잘 어울리냐며 묻는다. 이런 질문을 항상 받아왔던 나의 대답은 한결같다.

"의심하지 않고, 다가가기."

시장 한쪽에서 맛있는 냄새가 솔솔 풍겨온다. 코를 킁킁거리며 냄새의 정체를 파악해보니 고기 냄새인 것 같다. 빙고! 유럽의 햄버거가 부럽지 않을 만큼 크고 넓은 빵에 들어갈 소시지를 굽는 냄새, 내 손바닥만큼 큰 고추를 튀기는 냄새, 쫀득쫀득한 도너츠를 튀기는 냄새가 여기저기서 내 식욕을 자극한다. 이것저것 한 입씩 먹고 난 후 한 손에 아이스크림까지 쥐고 있자니 천국이 따로 없다.

숙 바깥으로 나오니 사람들이 삼삼오오 모여 앉아 차를 마시고 있다. 아랍인들은 술을 마시지 않는 대신 이렇게 차를 즐겨 마신다. 그런데 신기하게도 찻집의 주요 고객이 여자들인 우리나라와는 달리 이곳에서는 찻집의 주요 고객이 남자들이다.

　회사에서 콧대 높은 모로코인 동료들과 난폭한 승객들을 보며 가졌던 카사블랑카에 대한 첫 느낌과는 달리 현지에서 내가 만난 사람들, 나와 뽀뽀를 한 꼬맹이, 달팽이를 파는 할아버지, 가격을 깎아 주며 또 오면 더 깎아 주겠다던 아저씨, 길에서 만난 수많은 모로코인들은 순수하고 정이 넘치는 사람들이었다. 집에 찾아온 사람은 그냥 돌려보내지 않는 우리 문화처럼 낯선 사람일지라도 집에 오면 꼭 차를 대접하는 걸 보면, 이들 역시 사람 간의 정과 신뢰를 중요시하는 것 같다. 오늘따라 차 때문에 치아가 썩고 빠져 잇몸을 드러낸 채 가식 없이 웃는 그들이 더욱 정겹게 느껴진다.

가난하지만,
세계에서 가장 행복한 사람들의 천국

다카로의 비행은 승무원들이 가장 꺼리는 비행 중 하나다. 화장실을 사용할 줄 모르는 사람들로 인해 몇 분에 한 번씩 청소를 해야 하고, 콜 벨을 몰라 리모컨을 마구 눌러대는 사람들로 인해 자리에 앉을 시간이 없기 때문이다. 어디 그뿐인가. 시도 때도 없이 물이나 술을 달라는 주문이 끊이지를 않는다. 다카에서는 술이 비싸 기내에서 무료로 제공되는 술을 계속 달라고 주문하기 때문이다.

그러나 이것은 다른 지역보다 교육을 조금 덜 받은 데서 비롯된 행동일 뿐이다. 사실 그들과 이야기를 나누다 보면 거짓 없고 순수한 모습에 본성이 참 선하다는 생각이 저절로 든다. 그래서 몸은 힘들고 고단하지만, 마음만은 편하고 행복한 비행이기도 하다.

하지만 공항을 빠져나온 내게 다카는 충격 그 자체였다. 너무 가난한 나라인지라 옷도 못 입고 신발도 못 신은 사람들이 길거리에 부

지기수였고, 팔다리가 없거나 온몸에 화상을 입은 사람들도 무수히 많았다. 그리고 길을 나서면 1달러만 달라는 사람들에 둘러싸여 이동하는 것조차 쉽지 않았다.

게다가 아이들은 학교에 가기보다는 1달러라도 벌기 위해 길거리에서 과자와 과일 바구니를 어깨에 짊어진 호객행위를 하고 있었고, 어른들은 하루 종일 뙤약볕 아래서 쉴새 없이 자전거 페달을 밟고 있었다. 그들보다 많이 가진 내가 새삼 부끄럽고, 미안하다는 생각이 들었다.

지난번에 와서 보았던 독특한 국회의사당 건물과 그 앞의 작은 강과 예쁜 공원, 다카 대학교에서 본 똑똑한 학생들의 기억이 또렷히 떠

오른다. 그리고 맨발에 과일 바구니를 메고 땀을 너무나 많이 흘려 옷이 다 젖은 아이들의 모습과 몇 달 동안 하루도 빠짐없이 입어서 닳아 빠진 드레스를 입고 구걸하는 소녀들의 얼굴도 어제 본 영화처럼 생생하다.

이번에는 중국인 사무장이 다카 칼리지 마켓Dhaka college market에 가잖다. 새로운 곳을 간다는 말에 나는 흔쾌히 알았다고 대답하며 다카의 주요 교통 수단인 사이클릭샤뚝뚝 혹은 인력거에 올랐다. 운전사가 밝게 인사를 한다. 수줍은 듯 하얀 이를 드러내는 사이, 그들의 전통 치마인 룽기Lungi가 내 눈에 들어왔다. 사각 천을 허리에 걸치고 말아 올리면 통치마, 즉 룽기가 되는데 더운 다카에서는 통풍이 잘 되어 그만이다.

하지만 나는 그들의 속살이 보일까 지레 눈을 돌려야 했다. 만약 당신이 방글라데시에서 혹시라도 남자가 앉아서 소변을 보는 것을 본다면 놀라지 말지어다. 오래전부터 룽기를 입어 온 방글라데시 남자들은 앉아서 소변을 보는 데 익숙하기 때문이다. 치마를 입은 남자가 앉아서 소변을 본다니 참 생소한 문화이긴 하다.

다카 시민들의 주요 돈벌이 수단인 사이클릭샤가 시커먼 매연을 내뿜으며 꽉 막힌 도로를 슬금슬금 달린다. 60만 대의 사이클릭샤가 도로를 가득 메우고 있다니 슬금슬금이라는 표현이 맞겠다. 나라의 크기는 작은 데 비해 인구가 1억 5천 명이 넘는, 세계에서 인구 밀도가 가장 높은 곳이다 보니 수많은 사람과 차량으로 인해 뻥 뚫린 도로를 보는 건 하늘의 별따기다.

가다 보면 때로는 옛날 우리나라의 전통시장처럼 도로 양옆으로 차마 눈 뜨고 볼 수 없는 광경이 펼쳐지기도 한다. 하지만 한 걸음 다가서서 들여다 보니 과일이며 채소를 파는 장사꾼, 닭의 목을 친 후 털을 뽑아 보기 좋게 진열하는 아저씨, 알록달록한 천의 향연이 펼쳐진 아름다운 포목점의 깔끔한 주인장 등이 도시에 생기를 불어넣는다. 여자는 집안 살림과 자식 양육에만 신경을 써야 한다는 전통적 사고 때문인지 마르고 햇볕에 그을린 남자들만 길거리에 가득하다.

드디어 다카 칼리지 마켓에 도착. 싸면서도 질이 좋고 디자인이 예쁜 한국과는 달리 이곳에서는 어떤 옷도 눈에 들지 않는다. 그러나 사무장은 신세계를 만난 양 속옷에서부터 드레스까지 척척 손에 얹는다. 중국인은 참 대단하다. 가난한 이 나라 사람들을 상대로 가격 흥정을 하다니. 그것도 5달러 내외인 옷을 말이다. 새삼 중국인은 중국인이구나 싶다. 그녀가 이리저리 살펴보고 흥정하는 사이, 쇼핑에 흥미를 잃은 나는 점원들과 이야기를 나눈다.

"아이구 세상에, 내 친구 너무 오래 고르는 거 아냐? 진짜 까다롭다, 그지?"

투정 아닌 투정을 부리니 점원들이 히죽히죽 웃으며 내게 몰려오기 시작한다. 어디 출신인지, 무엇을 하는지, 결혼은 했는지, 온갖 질문들이 쏟아진다. 이들과 유쾌한 얘기를 나누며 시간가는 줄 모르는 사이, 자주색 옷을 입은 청년이 다가와 선물이라며 팔찌, 반지, 스카프를 건넨다. 받을 수 없다고 거절했지만, 기어코 반지를 손가락에 끼워주고 스카프를 머리에 둘러준다. 그러더니 사진을 찍잖다.

"선물은 고마운데, 스카프는 목에 예쁘게 둘러야지. 머리에 이게 뭐냐고!"

구박 아닌 구박에 수줍게 웃는 그들. 참 순수하고 마음이 부자인 사람들이다.

갑자기 화장실에 가고 싶어 찾아보았더니 허름한데다 불도 들어오지 않는다. 개의치 않고 볼일을 보고 나왔더니 사무장이 깜짝 놀라는 표정이다.

"넌 어떻게 이런 곳에서 볼일을 봐? 안 찝찝해? 난 절대 못 해."

'로마에 가면 로마법을 따르라!'는 것을 모르는 모양이다. 세계에서 가장 가난한 나라인 이곳에서 무엇을 기대한단 말인가. 그런 기대 또한 이곳에서는 사치라는 것을 모르는 걸까……. 내가 여행을 많이 하면서 배우고 느낀 것은 현지인처럼 행동해야 한다는 것이었다. 그러면 어떤 거리낌도 없이 그 도시가 친근하게 다가오고, 그 누구와도 친구가 될 수 있다.

드디어 그녀가 속옷과 옷을 다 사고는 남자친구에게 줄 와이셔츠를 보러 옆 건물에 가잖다. 와이셔츠엔 토미, 캘빈클라인이라는 브랜드가 찍혀 있다. 싸고 좋은데 왜 안 사느냐고 묻는 그녀에게 나는 그저 미소만 보낼 뿐이다.

다시금 나와 점원들의 수다는 계속되었다. 한 유부남 점원이 여자들이 좋아한다면서 대추처럼 생긴 과일을 사왔다. 나한테 먹어보라기에 소금에 찍어 먹었다. 그러고는 씨를 입으로 불어 누가 멀리 보내는지 내기를 하자고 제안했다. 다들 웃는다. 한 번도 해본 적이 없다는 그들에게 나는 직접 시범을 보였다. 다들 힘껏 내뱉는다. 지나가는 사람들이 무슨 구경거리라도 생긴 것처럼 둘러서더니 곳곳에서 사진 찍는 소리가 들려온다.

함께 사진을 찍고 나니 남자 점원은 벌써 결혼을 세 번이나 한 사람이라며 다들 놀려댄다. 요즘은 한국에서도 한 집 건너 한 명꼴로 이혼이 일반화되었다고는 하지만, 여전히 입 밖에 내기 힘든데도 이들은 전혀 거리낌이 없다. 자유분방하고 유쾌한 사람들이다. 오늘 만난 사람 중에서 나는 찡그린 표정도, 자신의 처지를 비관하거나 자신의 국가를 비난하는 사람도 보지 못했다. 긍정적이고 행복한 표정을 한 친절한 사람들 덕분에 다카 칼리지 마켓은 즐거운 시간 그 자체였다.

물건을 안 사도 좋으니 다음에 꼭 다시 오라는 사람들과 작별 인사를 하며 우리는 다시 사이클릭샤에 올랐다. 점원들은 배웅까지 나와서는 나와 사무장이 바가지를 쓰지 않도록 사이클릭샤 운전사에게 잘 부탁한다는 말을 전하고는 우리 모습이 보이지 않을 때까지 손을 흔들었다.

사이클릭샤 안에서 사무장이 말한다.

"Mi, it's so nice to meet a person like you."

그녀의 말에 내 입가에는 미소가 번졌다.

예전에 세계 행복지수 순위를 보면서 왜 세계 최빈국 중의 하나인 방글라데시가 1위에 올랐는지 의문을 가졌었다. 그리고 왜 방글라데시 국민들은 가난한 나라, 힘 없는 정부를 비난하지 않는지 궁금했었다. 하지만 오늘 다카 사람들과 이야기를 나누면서 그들이 작은 것에도 만족하며 행복해 하는 이들임을 알게 되었다. 또한 가난한 사람일수록 나눔에 익숙하다는 말을 체감했다. 문득 다카의 그 친구들이 지금도 잘 있는지 궁금해진다.

세계 3대 축제, 맥주의 향연
옥토버 페스트

독일의 16개 연방주 중에서 관광객들이 가장 많이 찾는 곳을 꼽으면 어디일까? 뮌헨이 주도로 있으며, 가장 크고 가장 부유한 바이에른 주다. 문화의 도시로 잘 알려진 뮌헨에는 독일 자동차 산업의 힘을 느낄 수 있는 BMW 본사와 마리엔 광장 중심에 위치해 사시사철 붉은 제라늄 꽃이 아름다운 신 시청사, 인형 시계, 글로켄슈필Glockenspiel. 관현악에 쓰이는 타악기의 하나, 국왕의 직영 맥주 공장이었던 호프브로이 하우스 외에도 많은 박물관과 미술관이 있다.

하지만 내게는 그것들보다도 매력적인 것이 있다. 작년 가을쯤 가슴을 훤히 드러낸 흰색 블라우스에 예쁜 원피스, 알록달록한 앞치마까지 걸친 바바리안 드레스Bavarian dress. 바이에른 주의 전통 의상를 입고, 자기네 얼굴보다 큰 맥주잔을 든 채 마냥 즐거워하던 독일 친구들의 사진을 보고 어찌나 부러웠는지 모른다. 그래서 내년엔 나도 꼭 가

보겠노라고 친구들에게 호언장담을 했는데, 진정 그날이 오고야 말았다. 그렇다, 옥토버 페스트야말로 뮌헨을 찾는 많은 관광객들을 가장 설레게 하는 요소 중 하나인 것이다.

옥토버 페스트는 브라질 리우의 삼바 축제, 일본 삿포로의 눈꽃 축제와 더불어 세계 3대 축제 중 하나로, 1810년 테레즈 공주와 루트비히 1세의 결혼 때 하객들에게 잔치를 베푼 데서 유래했다. 지금처럼 광장에 큰 텐트를 치고 맥주를 마시게 된 것은 1850년부터라고 한다.

개막식 때는 화려한 퍼레이드가 펼쳐지고, 곳곳에 설치된 놀이기구와 다양한 먹거리 코너가 관광객들을 신명나게 한다. 외국 친구들은 이 페스티벌에 참여하기 위해 몇 달간 돈을 모은다니 굉장한 축제이긴 한가 보다. 뮌헨 인구가 130만 명인데 축제 기간에는 방문객만 600만 명을 넘는다고 하니 전 세계 사람들을 두루 만날 수 있는 축제인 셈이다.

나는 이왕 즐기는 거 확실히 즐기자는 생각에 거금을 주고 이곳의 전통 의상을 먼저 구입했다. 셔츠, 가죽 재질의 7부 바지, 조끼, 벨트 등으로 구성된 남성용 전통 의상은 키가 큰 사람이 입어야 제멋이지만, 블라우스, 던들Dirndls, 원피스, 앞치마로 구성된 여성용 전통 의상은 누가 입어도 잘 어울리고 사랑스럽다. 흰색 블라우스와 보랏빛의 눈에 띄는 드레스로 한껏 멋을 내고, 머리를 한쪽으로 총총 땋은 내 모습을 보고는 13명의 동료들이 깜짝 놀란다. 5,000명의 크루 중 바바리안Barbarian 의상을 걸치고 옥토버 페스트에 참여하는 사람은 나밖에 없을 거라며 연신 사진을 찍어댄다.

옥토버 페스트가 열리는 장소인, 테레진비제Theresienwiese에 도착하니 그야말로 축제의 현장이다. 십여 개가 넘는 대형 맥주 텐트와 과일에서부터 땅콩까지 맥주와 어울릴 만한 스낵을 파는 노점상들, 한쪽에 설치된 화려한 놀이기구와 세계에서 모인 다양한 사람들로 도무지 발디딜 틈이 없다.

14개의 맥주 텐트 중 노란색으로 꾸민 파울라너Paulaner. 독일 정통 밀맥주 제조업체의 텐트로 들어서자 쉴 새 없이 이어지는 악단의 연주와 맥주광들의 "프로스트!Prost, 건배"라는 환호성으로 텐트가 떠나갈 것만 같다. 거나하게 취기가 오른 사람들 사이로 대형 맥주잔을 대여섯 개씩 쥐고 서빙하는 웨이트리스들과 쫄깃한 프릿첼Pretzel. 매듭 막대 모양의 짭짤한 비스킷을 파는 아가씨들, 바바리안 전통 의상에 어울리도록 머리를 땋아주는 장사꾼들이 날렵하게 비집고 지나다닌다.

자리에 앉으려고 보니 만석이거나 예약이 된 자리가 대부분이다. 아뿔싸! 600만 명이 모이는 축제에서 자리를 차지하기가 하늘의 별 따기라는 것을 왜 진작 생각하지 못했을까? 하지만 다행히 우리 일행은 뢰벤 브로이의 텐트에 자리를 잡았다. 시원한 맥주부터 먼저 주문한 후, 프라이드 치킨과 돼지고기 립 바비큐, 학세Haxe. 돼지 뒷다리를 주문했다. 독일에 처음 온 동료들에게는 부르스트Wurst. 독일 전통 소시지와 사우어크라우트Sauerkraut. 시큼하게 절인 양배추 샐러드를 추천했다. 10명이 넘는 동료들과 일일이 잔을 부딪치랴, 커플 건배를 하랴, 악단의 노래를 따라 부르랴, 이 테이블 저 테이블 끌려다니며 사진을 찍으랴, 분주한 가운데 한편으로 나는 궁금해졌다.

‘이성적이고 철두철미한 독일인들이 어찌하여 세계 최대의 맥주 축제를 개최하게 되었을까?’

원래 독일은 물에 석회질이 많았다고 한다. 그래서 물 대신 맥주를 마시던 것이 유래가 되어 맥주 산업이 발달할 수밖에 없었다고 한다. 또한 주식이 고기류와 감자로, 텁텁하고 소화가 잘 되지 않는 탓에 함께 마실 맥주가 필요했으리라. 독일 맥주는 지금까지도 1516년 지정된 호프hop, 보리, 밀, 물 외에는 어떤 것도 넣을 수 없다는 맥주 순수령을 지켜서 만든다고 한다. 즉 화학성분이나 방부제를 넣지 않는 것이다. 그러니 맛이 좋을 수밖에 없고, 유명해질 수밖에 없었을 것이다. 그 때문에 이제는 독일하면 맥주를 자연스레 연상하듯이 이 황금빛 물은 독일의 상징이 되었다.

옥토버 페스트의 가장 좋은 점은 자신이 좋아하는 맥주를 찾아 이 곳저곳 텐트를 옮겨가며 맛볼 수 있다는 것이다. 음식 또한 생선, 돼지고기, 소고기 등 종류별로 구분되어 있다. 그중에서 가장 잘 팔리는 음식 중 하나가 바로 청어 햄버거다. 날생선이 그대로 들어가 있어 비릴 것 같아 맛을 보진 않았지만, 점원에게 물어보니 청어가 맥주와 잘 맞고, 다음날 아픈 속을 진정시켜 주는 일종의 해장 역할을 하기에 사람들이 많이 찾는다고 한다. 터키의 이스탄불에서 먹었던 고등어 케밥을 생각해 보면, 이것도 그다지 비리지 않을 텐데 맛을 보지 않고 와서 후회가 된다.

옥토버 페스트에서 여성의 전통 의상 다음으로 중요한 것이 렙쿠헨헤르쯔Lebkuchenherzen, 목에 거는 하트 모양의 초콜릿 쿠키다. 거기에는 '사랑해, 옥토버 페스트!' 등이 적혀 있다. 내가 'I'm single.'이 적힌 과자를 하나 사고 싶다고 했더니 동료들이 배꼽을 잡고 웃어댄다. 먹기 아까울 정도로 예쁜 쿠키를 목에 하나쯤은 걸어줘야 '아, 내가 옥토버 페스트에 왔구나!' 라는 실감이 들 것 같다.

설탕과 카라멜이 발라진 달콤한 각종 너츠 또한 빠질 수 없는 간식거리다. 초콜릿이 듬뿍 발라진 과일 꼬치도 나의 구미를 당긴다. 기념품도 맥주잔, 쿠키, 인형, 프릿첼 모양의 악세서리, 마그네틱 등 다양하다. 10월의 옥터버 페스트에서는 축제를 즐기는 이들과 편하게 합석을 하고 술을 마실 수 있다. 길에서 어깨만 스쳐도 반갑고, 어깨동무를 한 사람이라면 누구나 친한 친구 같다. 그래서일까? 우연히 사진을 같이 찍은 아저씨가 마치 오래된 연인 같다.

세계 3대 축제, 맥주의 향연 옥토버 페스트 뮌헨, 독일 117

날이 어두워지자 선명한 맥주 텐트 사이로, 동화 같은 음식점들 사이로, 바쁘게 돌아가는 놀이기구 사이로 환한 불빛이 켜졌다. 하지만 축제는 점차 끝을 알리고 있다. 지구촌 곳곳에서 온 사람들과 맥주잔을 부딪치며 "프로스트!"를 외친다. 잠시나마 친구가 될 수 있었던 600만 명의 축제는 정말 대단했다. 특히 평상시에는 철두철미하고 냉철한 독일인들이 1년 중 이 기간 만큼은 넥타이를 풀고 맥주잔을 부딪치며 자유롭게 옆 사람과 대화를 즐기고 노래를 부르는 모습을 볼 수 있어 더 의미가 있었는지도 모른다.

맥주를 매개체로 사람과 소통하는 이들의 문화가 술이 대인관계에서 아주 중요한 역할을 하는 우리나라와 참 많이 닮았다. 우리나라도 세계적으로 유명한, 사람들이 그 축제 하나만으로도 한국을 방문하게끔 만드는 축제가 있었으면 좋겠다. 돌아와 아끼고 아끼던 바바리안 의상을 조용히 옷걸이에 걸었다. 하지만 아직도 축제의 열기가 여전히 귓전에 맴돈다.

떠오르는 중동 최대의 영화제,
DTFF

도하, 카타르

중동의 모래사막에 기적의 도시가 탄생했다. 이름하여 두바이. 두바이의 탄생과 더불어 중동은 이제 세계 각국의 중요한 사업 파트너이자 관광지로 떠올랐다. 그러나 최근 들어 두바이의 발전이 정체되자 이를 기회로 막대한 자본을 지닌 카타르가 가속도를 내고 있다. 2022년 월드컵 개최와 더불어 카타르에는 많은 일이 벌어지고 있다. 특히 날씨가 선선해지는 겨울에는 아시안컵 축구 대회, 세계 여자 테니스 대회 등 각종 스포츠 대회 및 컨퍼런스가 하루 걸러 하나씩 열리고 있다. 뿐만 아니라 국제 영화제인 DTFF로 중동은 물론 세계의 유명 배우들을 이곳, 사막의 작은 나라로 초대하고 있다.

2009년에 처음으로 개최된 DTFF는, 'Doha Tribeca Film Festival'의 약자로 도하에서 열리는 국제 영화제다. 막연히 국제 영화제라고 들었을 때는 'Doha international film festival'이 아닐

까 생각했는데, 'tribeca'라고 하니 뭔가 상투적이지 않은 느낌이다. 'tribeca'는 뉴욕 맨하탄의 지명에서 가져왔을 것이고, 뉴욕 트라이베카 영화제를 본뜬 게 아닌가 싶다. 영화제가 열리는 5일 동안 35개 국에서 출품된 50여 편의 코미디, 스릴러, 가족영화, 다큐멘터리 등 다양한 영화가 상영되고, 부대시설과 이벤트 등이 영화제를 더욱 재밌게 수놓는다고 한다.

영화제에 가니 근사하게 입어야 하나 어째야 하나 고민하다가, 중동에서 짧은 치마나 어깨가 훤히 드러나는 옷을 입는 것이 민망할 것 같아 내가 가진 옷 중에 그나마 단정해 보이는 옷을 골랐다. 그리고 사 놓고는 너무 과한 것 같아 한 번도 신지 않았던 분홍색의 꽃이 달린 구두를 꺼내 신었다. 나를 본 틸라나가 놀라서 말한다.

"Chichi나의 별명, you should be on the red carpet tonight."

이 말을 듣는 순간 밀려오는 민망함과 후회스러움을 어찌할꼬.

10월에 접어든 도하는 선선해졌다고는 하지만, 여전히 덥다. 걸을 때마다 등에서 땀이 흐른다. 5분 간격으로 운행되는 셔틀버스의 멋진 외부 디자인과 깨끗한 실내가 꽤나 마음에 든다. 10분 남짓 달려 우리는 영화제가 열리는 카타라 문화 마을Katara Cultural Village에 도착했다. 이곳은 카타르 순수미술 협회, 시각미술 센터, 음악 아카데미 등의 예술 관련 단체 및 기관과 해변, 레스토랑, 카페 등이 있어 평소에도 현지인들과 관광객의 사랑을 받는 곳이다. 카타라 센터Katara Center로 향하는 입구에서부터 각종 포스터와 아랍식 문양의 카펫이 마음을 부풀어 오르게 한다.

영화가 상영되는 여러 개의 공연장은 숨이 막힐 정도로 훌륭하다. 어떤 곳은 미로처럼 펼쳐진 푸른빛으로 신비로움을 자아내고, 어떤 곳은 보랏빛, 붉은색, 파란색, 초록색 등으로 시시각각 바뀌면서 휘황찬란하다. 규모도 크고, 곳곳의 전시물과 조형물도 멋들어진다. 게다가 공연장을 옮겨 다닐 때는 버기골프장에서의 이동수단를 이용할 수 있어 편리하다.

현대적이면서도 중동의 느낌을 잘 살린 영화제는 정말 놀라움 그 자체다. 영화제가 열리는 카타라 센터를 보며 많은 서양인들이 왜 중동의 매력에 빠지는지 알 것 같다. 작년에도 영화제에 참석했던 친구의 말에 따르면, 올해는 전년보다 규모도 커지고 볼거리도 많아졌다고 한다. 도하라는 중동의 작은 도시에서, 그것도 두 번째로 개최되는 영화제에 5만 명 넘는 사람들이 참여했다니 놀라울 따름이다.

드디어 레드 카펫 앞에 많은 취재진들이 몰려든다. 작년에는 로버트 드니로가 왔고, 올해는 영화 〈After Sunset〉으로 유명한 셀마 하이엑이 온다기에 뜨거운 열기 속에서도 참고 기다려 보기로 했다. 스타들이 하나둘씩 등장하자 사회자의 멘트가 이어진다.

"네, 지금 엄청난 스타 한 분이 입장하는군요. 레바논의 미녀 스타 A양입니다."

"지금 막 이집트의 유명한 영화배우 B가 도착했습니다."

하지만 내가 이들을 어찌 알겠는가. 아는 스타가 없다 보니 별로 재미가 없다. 개막작이 상영되기 전에 좋은 자리도 차지할 겸, 나는 메인 공연장으로 향했다.

오픈 에어 공연장(야외 공연장)은 뭐든지 '크고 화려하게' 라는 카타르인들의 철학에 걸맞게 잘 지어졌다. 영화가 시작되기 전, 잠깐 화장실을 다녀왔는데 이동식 간이 화장실도 그렇게 화려할 수가 없다. 반질반질한 철계단을 오르니 시원한 에어컨 바람이 온몸을 감싸고, 향이 좋은 물거품 비누와 핸드 로션도 구비되어 있다. 돈이 많으니 가능하리라.

영화 시작 40분 전인데도 아직 객석이 많이 비어 있다. '그럼 그렇지, 도하에서 누가 영화를 보러 오겠어.' 라고 생각하는 순간 사람들이 속속 들어온다. 특히 검은색의 아바야(아랍 여성들의 전통 의상)를 걸친 여성들이 많다. 그녀들을 보면서 문득 2006년 전주 국제 영화제의 개막작인 〈오프 사이드〉의 한 장면이 떠올랐다. 이 영화는 법적으로 여성이 축구장에 들어갈 수 없도록 규정된 이란을 배경으로 한 영화였다. 이 영화에서 소녀들은 축구장에 들어가기 위해 기를 쓰다가 경비원에게 잡혀 유치장으로 끌려갔다. 그 때 경비원이 물었다.

"축구가 너한테 무엇이길래 나를 이렇게 괴롭히니?"

"밥보다 더 중요한 것이에요!"

오늘 검은색 천으로 온몸을 감싼 여인들, 개인 생활과 바깥 출입이 적은 그녀들이 밝은 모습으로 입장하는 것을 보며 '이것이 남성 중심의 보수적인 사회 체제 내에서 숨겨야만 했을 그녀들의 꿈과 열정의 작은 표현이지 않을까?' 라는 생각이 들었다. 그리고 더 나아가 '이 작은 변화의 바람이 앞으로 이곳의 민주주의와 남녀평등을 진전시키지 않을까?' 라는 확신이 들었다.

DIFF의 개막작은 알제리의 독립을 다룬 영화로, 〈까미유 끌로델〉로 유명한 라시드 부샤렙Rachid bouchareb 감독의 〈Outside the LawHors la l oi〉였다. 액션 스릴러로, 제2차 세계대전 후 프랑스의 지배로부터 독립을 위해 목숨을 바치는 알제리의 세 형제를 다룬 영화였다. 알제리가 프랑스의 통치하에 있었고, 그 결과 지금은 많은 알제리인들이 불어를 쓰며, 값비싼 프랑스식 집에서 산다는 이야기를 알제리 친구를 통해 익히 들어왔기에, 영화의 주제를 이해하는 것은 그리 어렵지 않았다.

하지만 도하에서 오픈 에어로 영화를 보는 것은 흔한 일이 아니라서 자리를 꿋꿋이 지켰지만, 정작 클라이막스가 없어서 런닝 타임 2시간 중 후반 1시간 동안 나는 몸을 배배 꼬아야만 했다. 그런데 틸라나뿐만 아니라 대부분의 관객들이 흥미롭게 영화를 관람하기에 나 또한 자리를 지키느라 혼났다. 결국 더위와 치열하게 싸우며 감상했던 그 영화는 많은 관객들의 기립박수를 받으며 끝이 났다.

밤이 되자 영화제는 더욱 절정으로 치달았다. 바로 옆에 있는 해변에서 불어오는 바람이 선선하다. 비키니를 입고 맥주나 와인을 마시며 영화를 본다면 얼마나 좋을까? 도하에서는 감히 상상도 할 수 없는 일을 떠올리며 나는 영화제의 마지막을 즐겼다.

뤼미에르 형제에서 시작된 영화는 그동안 많은 사람들에게 꿈과 희망을 심어주는 판도라의 상자였다. 때로는 개인을, 때로는 사회를 변화시키는 첨병 역할을 하기도 했다. 사막에서 불어오는 뜨거운 바람처럼, 이곳 사람들의 가슴에도 뜨거운 바람이 불어올 날이 멀지 않았으리라. 닫힌 이곳의 문화를 개방하고, 다양성을 인정하는 데에 한몫을 할 이 영화제가 더욱 발전하기를 기원해 본다.

가면 너머 중세로의 시간여행,
베니스 카니발

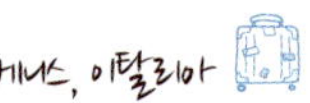

"야, 너희들은 얼마나 행운인 줄 아니? 이 세상 사람들 중에 베니스에서 카니발을 구경할 수 있는 사람이 얼마나 되겠어? 감사하게 생각하고 나가서 축제를 즐겨야지, 안 그래? 호텔에 있겠다니 말이 돼?"

이탈리아의 베니스로 가는 비행기 안에서 기장은 피곤해서 호텔에 머물겠다는 승무원들에게 이렇게 목청을 높였다. 그러고는 왜 구경을 가야 하는지, 베니스 카니발이 어떤 축제인지 설명하기 시작했다. 나처럼 카니발에 맞춰 비행을 신청하고, 행사 스케줄과 이동 경로까지 미리 준비한 친구는 단 한 명도 없었다.

나는 호텔에 도착하자마자 20분 만에 모든 준비를 끝내고 서둘러 베네치아의 관문인 산타루치아Santa Lucia 역으로 향했다. 화려한 가면과 중세의 드레스로 수놓일 물의 도시를 생각하니 마음이 급해진다.

나는 베니스라고 하면 3가지 축제를 제일 먼저 떠올린다. 베니

스 영화제와 비엔날레, 그리고 이 카니발이다. 이번 베니스 카니발 Carnevale di Venezia 2012은 'Life is theatre, it's time to get masked.'라는 주제로 2월 4일부터 21일까지 18일간 산 마르코 광장과 리알토 다리를 비롯한 베니스 곳곳에서 펼쳐진다. 베니스 카니발은 사순절, 즉 기독교의 부활절 40일 전 단식 기간에 2주간 열리는 축제로, 1268년에 처음으로 시작되었으니 인류와 함께 공존해온 가장 오래된 축제 중 하나다. 카니발이라는 단어에서 사람들은 일반적으로 축제를 떠올리지만, 사실 어원을 보면 'carne'는 '고기'를, 'levale'는 '격리, 분리'를 뜻하고 있어 사육제가 정확한 의미다.

물 위에 떠 있는 산타루치아 역을 나오니 2월의 쌀쌀한 겨울 날씨에 간간히 비치는 햇살 사이로 화려한 마스크가 가장 먼저 눈에 띈다. 세계 곳곳에서 이 가면 축제를 구경하기 위해 모여든 남녀노소의 물결을 따라 나도 걸음을 옮긴다. 120여 개의 섬을 잇는 다리와 골목길이 온통 가면을 쓴 사람들의 행렬로 가득하다.

각양각색의 가면을 쓰고 축제에 참여하는 관광객들처럼 나도 하나 써볼까 하고 상점을 두리번거린다. 마음에 드는 것은 너무 비싸고, 저렴한 것은 너무 단조로워 보인다. 결국 예전에 여행했을 때 사뒀던 분홍색의 예쁜 마스크가 떠올라 가면을 사는 것은 포기. 하지만 걸음을 디딜 때마다 가면들이 내 눈길을 사로잡는다.

그런데 가면들을 유심히 보고는 그 가격에 놀라지 않을 수 없다. 배낭여행을 하던 10년 전만 해도 적게는 20유로에서 많게는 몇백 유로까지 했었는데, 지금은 3유로에서 몇십 유로밖에 안 하니 말이다.

가면 너머 중세로의 시간여행, 베니스 카니발 베니스, 이탈리아

아니나 다를까. 값싼 가면은 꼼꼼히 확인하지 않아도 공장에서 천편일률로 찍어낸 것이 역력하다. 게다가 조잡하기까지 하다. 그래서 나는 마스크를 사기 싫었는지도 모른다.

얼마 전 매스컴에서 보았던 한 마스카레리가면을 만드는 장인의 하소연이 떠올랐다. 그는 도자기로 만들어지거나 중국, 알바니아 등지에서 만든 플라스틱의 저가 가면들이 등장하면서 베니스 마스카레리의 입지가 좁아지고 있다고 말했다. 이어서 그는, 동물 가죽을 이용해 손으로 섬세하게 만든 고품질의 원조 가면은 수입품에 비해 가격 경쟁력에서 밀릴 수밖에 없다며 베네치아인의 전통을 이어갈 수 있도록 정부에 특단의 대책을 요구했다. 직접 와서 보니 그들의 처지를 직감할 것 같다.

화려한 가면과 무라노 섬에서 건너온 아기자기한 유리 공예품으로 그득한 기념품 가게들 사이로 작은 스낵바가 줄지어 서 있다. 간이 식료품 가게와 카페들도 간간이 눈에 띈다. 나는 맛있어 보이는 이탈리아 과자들이 진열된 가게로 들어가 카니발 기간에만 특별히 맛볼 수 있다는 갈라니Galani. 잘게 튀긴 과자류 한 봉지를 샀다.

바닐라 향의 아이스설탕이 뿌려진 과자를 입에 넣는 순간, 칼바람이 스쳐 지나간다. 순식간에 얼굴이 흰 설탕 범벅이다. 지나가던 사람들이 깔깔 웃는다. 설마 흰 설탕가루가 코의 양끝에 묻어 영구처럼 보이지는 않겠지? 나는 갈라니를 먹으며 가면을 보는 것이 지겨워지면 곳곳에 널려 있는 이름 모를 성당에 들어갔다. 유명하지 않고 화려하지는 않았지만, 피부로 느껴지는 오랜 세월의 고적함에 탄성이 절로

나왔다. 로마뿐 아니라 베니스 역시, 이탈리아가 박물관 그 자체라는 말에 그렇게 잘 어울릴 수가 없다.

성당을 몇 군데 둘러보았더니 어느새 어둠이 지평선 가까이까지 내려왔다. 카니발을 위해 골목길 사이에 설치한 조명에 불이 들어오니 완전히 신세계다. 나는 아름다운 조명을 따라 산 마르코 광장으로 향했다. 도시 곳곳에는 광장을 중심으로 아이스 스케이트장이 마련되어 있고, 어린이들을 위한 공연과 콘서트, 전시가 매 시간 진행되고 있다.

하지만 이 축제의 가장 중심지 역할을 하는 곳은 뭐니 뭐니 해도 산 마르코 광장이다. 전야제와 오프닝, 메인 무대의 가면과 드레스 콘테스트 등 주요 행사들이 이곳에서 열린다. 그래서 나도 사각형의 아름다운 산 마르코 광장으로 발길을 돌린다. 역시나 산 마르코 광장이 가까워질수록 축제에 참가하는 사람들의 의상과 가면이 더욱 화려해 진다.

　베니스 카니발이 가면 축제로 번성할 수 있었던 것은 중세 시대로 거슬러 올라간다. 당시 베니스 는 무역의 중심지로 막강한 부 를 축적했지만, 모든 이가 부자 가 될 수는 없었다. 그래서 가난 한 사람들은 일년 중 축제 기간 동안만이라도 부와 지위를 떠나 스트레스를 표출하고 즐기고자 가면을 착용했다.

　이를 시작으로 귀족들까지 참여하면서 축제는 더욱 활성화 되었다. 하지만 가면이 주는 익 명성 때문에 축제는 점차 퇴폐 적이고 환락적으로 변하게 되었 다. 그리고 베네치아 공국의 몰 락과 함께 축제는 역사 속으로 사라졌다. 그러던 것이 1970년 대에 이르러 다시 부활하게 된 것이다.

　하지만 과거에 있었던 부와 신분적 차별은 지금도 엄연히 존재한 다. 이 축제에서조차 몇천 유로나 되는 비싼 의상, 수공예로 정교하게

만들어진 화려한 크리스탈 가면, 귀족이 신었을 법한 황금빛 구두, 하늘 높이 올라간 금발 머리는 높은 신분을 나타낸다. 저렴한 가면과 천 하나를 몸에 두르고 축제에 참여한 이들은 그에 비하면 가진 것이 없어 보이는 게 사실이다.

그렇다고 해서 그들의 열정과 자신감이 뒤쳐지는 것은 결코 아니다. 부와 명예가 모든 것의 척도라면 어떻게 사람들이 행복한 삶을 살아갈 수 있겠는가. 그렇게 본다면, 가면을 쓴 시간만큼은 현실을 잊고 환상의 세계로 떠날 수 있으니 수많은 사람들이 이 카니발을 찾는 것은 아닐까.

종탑과 두깔레 궁전, 산 마르코 성당에 둘러싸인 산 마르코 광장. 나폴레옹이 '세상에서 가장 아름다운 응접실'이라고 격찬한 이곳은 오늘도 많은 인파로 더욱 분주하다. 의상 컨테스트 등 다양한 행사를 위해 설치된 무대 때문에 광장은 꽉 차 보인다. 광장 곳곳에는 중세 귀족뿐 아니라 교황, 광대, 요정, 십자군 등 다양한 모습으로 분장한 사람들이 300년 전의 베니스로 나를 인도하는 것만 같다.

"You look amazing! Could you pose here? Look over there."

이곳에서는 늘 카메라가 바쁘게 움직인다. 처음에는 다른 사람의 사진을 찍는 것이 실례가 아닐까 싶어 조심스러웠지만, 축제 기간 동안 잘 차려입은 베니스인들은 오히려 사진 찍히는 걸 즐긴단다. 그래서 여러 대의 카메라를 들이밀거나 성가신 요청을 해도 다 들어준다. 가면 속 표정은 물론 알 길이 없지만 말이다.

두깔레 궁전 앞. 또 다른 구경거리가 걸음을 붙든다. 분수대가 맑은 물 대신 검붉은 와인을 뿜는다. 축제 관계자의 말에 의하면, 축제 분위기를 살리고 모든 사람들이 원없이 포도주를 마시는 기분을 만끽하라는 의미에서 만들었다고 한다. 이 분수대에서 와인을 받아 마시는 사람을 보지는 못했지만, 이 작은 조형물 하나가 축제를 더욱 즐겁게 해주는 것만은 분명하다.

광장 중앙에는 유서 깊은 오페라 극장 모양의 무대와 최첨단의 대형 스크린이 설치되어 의상 콘테스트가 열리고 있다. 중세와 현대가 공존하는 분위기 속에서 파가니니의 '베니스의 사육제'가 울려 퍼질 것만 같다. 하지만 무대 위에서는 정작 중세 복장을 한 커플이 젊은 DJ의 최신 음악에 맞춰 웨이브와 디스코 댄스로 무대를 휘젓고 있다. 그들의 화려한 의상과 음악을 들으며 광장 양옆으로 화려하게 지어진 아케이드를 걷다가 나는 문득 생각에 잠긴다.

'우리나라에는 왜 이런 축제가 없는 걸까?'

아, 맞다. 우리나라에는 안동의 하회탈 축제가 있지! 조선시대에 양반들을 조롱하기 위해 서민들이 탈을 쓰고 공연을 했으니 베니스의 가면이나 안동의 하회탈이나 신분제도라는 배경하에 탄생한 것은 얼핏 비슷하다.

그러나 팔은 안으로 굽는다고 했던가? 화려함을 빼면 베니스 카니발보다는 안동 하회탈 축제가 훨씬 더 다채로운 느낌이다. 낙동강 줄기와 주변의 산들이 고풍스러운 한옥으로 된 전통 마을을 감싸고 있는 안동. 그곳에서는 탈춤과 마당극을 비롯한 다양한 공연을 관람할 수 있을 뿐만 아니라 먹거리와 체험징까시 더해져 외국인들에게 흥미를 불러일으킬 만한 요소가 참 많다.

하지만 이렇게 매력적인 우리 축제가 세계인들에게 잘 알려져 있지 않다는 것은 정말 안타까운 일이다. 과연 우리의 축제는 언제쯤 베니스 카니발처럼 많은 사람들을 불러 모을 수 있을까. 외국에 나오면 모두 애국자가 된다는 말이 맞는 모양이다. 이 축세를 보며 조국을 생각하는 걸 보면 말이다. 그날이 빨리 오기를 진심으로 바라는 마음이다.

아케이드를 걷다 많은 사람들이 모인 카페 플로리안Florian 앞에서 나는 걸음을 멈췄다. 이곳은 중세의 모습 그대로 남겨져 있다. 1720년에 문을 연 유서 깊은 이곳은 바이런, 괴테, 바그너 등이 단골로 이용했던 이탈리아에서 가장 오래된 카페다. 맞은편의 카페 콰드리Quadri와 함께 베니스의 명소로, 중세 시대의 궁전에서나 봤을 법한 내부의 화려한 문양과 샹들리에가 관광객들을 붙든다. 특히나 오늘처럼 카니발이 열리는 날에는 중세 복장을 한 사람들이 관광객들에게 큰 볼거리까지 선사한다.

마침 춥고 출출하던 차에 몇 분을 기다려 한 자리를 차지했다. 웨이터가 안내한 자리는 근사하게 중세 차림을 한 중년 커플의 옆자리로, 그들 덕분에 나도 수많은 플래쉬를 기꺼이 감수해야만 했다. 그들과 인사를 나눈 뒤 나는 리큐어와 초콜릿, 에스프레소 등이 들어간 카페 플로리안의 대표적인 커피인 Coffee Anniversario Florian 290 Anniversary와 카니발 기간에만 선보인다는 Carnival Specialties를 주문했다. 그랬더니 크림과 과일이 든 프리텔레Frittele. 안에는 크림, 견과류, 과일 등이 들어 있고 겉에는 설탕이 발라진 도넛류와 갈라니가 함께 나온다.

명성에 맞게 이 카페의 음식은 다소 비쌌지만, 그만한 가치가 있었다. 달콤한 과자들을 먹으며, 프랑스에서 왔다는 옆 테이블의 중년 커플과 이야기를 나누었다. 여행을 왔다가 카니발에 맞춰 옷을 준비했다는 그들을 보며 축제의 보이지 않는 마력을 느끼게 된다.

카페 창밖으로 어둠이 짙게 드리워지자 그 많던 사람들이 순식간에 어디론가 사라졌다. 그리고 그렇게 베니스 카니발도 한 편의 꿈, 한 편의 동화처럼 끝이 났다. 축제란 이처럼 즐길 때는 잘 모르지만, 끝나고 나면 사그라지는 모닥불처럼 마음 한구석이 허하다. 찬란하게 빛나는 태양 뒤에 깊게 어둠이 도사리고 있는 것처럼 말이다.

La stagion del Carnovale / 카니발의 계절

tutto il Mondo fa cambiar / 온 세상이 바뀌네

Chi sta bene e chi sta male / 잘 지내는 사람도 못 지내는 사람도

Carnevale fa rallegrar / 카니발은 모두를 즐겁게 하네

Carlo Goldoni 이탈리아 극작가의 희곡 'La mascherata venezia, 1751'

검은 대륙,
월드컵 열기로 휩싸이다

동료이자 친구인 체킵을 만나기 전까지만 해도 나는 알제리에 대해서 아는 거라곤 하나도 없었다. 체킵은 알제리 출신으로 4개 국어를 유창하게 하며, 아프리카인의 탄탄한 몸매와 아라비아인의 굵고 진한 얼굴을 동시에 소유해 무척 매력적으로 생겼다. 그를 만나기 전까지 막연히 '중동에 위치한 나라겠거니.' 라고 생각할 만큼 나는 알제리에 대해 관심도 없었다.

하지만 체킵은 아프리카에 속한 자신의 조국 알제리와 그들의 문화와 역사를 알려주는 것을 무척 좋아했다. 우리나라의 대중가요에도 등장하는 카쓰바가 있는 나라, 세계에서 10번째로 크고 아프리카에서 제일 큰 나라인 알제리로 언젠가 한번쯤은 꼭 가봐야겠다고 생각했었는데, 그 기회가 생각보다 빨리 왔다.

알제리의 수도인 알제로 출발하기 전에 체킵에게 연락을 했다.

"미미나의 애칭, 밖에 나가지 마. 오늘 축구 경기에서 우리가 지면 넌 조용히 사라질 수도 있어!"

아니, 이게 대체 무슨 소리람. 다른 곳으로 비행을 준비 중이던 그는, 오늘 이집트와 중요한 축구 경기가 있어서 많이 혼잡할 테니 밖에 나가지 말라고 충고했다. 그리고 혹시 알제리가 시합에서 지기라도 하는 날이면 사납기로 유명한 알제리 사람들에게 봉변을 당할 수도 있다며 조용히 있는 게 나을 거라고 덧붙였다.

알제리 비행은 사실 이집트, 리비아와 함께 아프리카 비행 중 가장 힘든 것으로 악명이 높다. 싸움이 일어나기 일쑤이고, 차를 즐기는 문화 때문에 비행 내내 고객들에게 차를 대령하느라 정신을 차릴 수가 없다. 게다가 남자들이 얼마나 수다스러운지 우리나라의 카페에 모인 여자들을 연상시킨다.

그런데 알제리로 향하는 비행기에 의외로 한국인 승객들이 많이 탔다. 대부분이 원전 수주나 주택 건설을 하기 위해 업무 차 가는 중년의 아저씨들이다. 4만 피트나 되는 상공에서 동포를 만나니 한편으로는 반가우면서도, 한편으로는 마음이 짠하다. 하기야 이런 분들이 있기에 우리나라가 외화를 벌어들여 국가 경제를 지탱하는 것이리라.

공항에 도착하자마자 첫 번째 알제 비행으로 친해진 크루Crew. 승무원, 모모와 함께 도시 탐험에 나섰다. 중동 아니 아프리카도 이렇게 축구 사랑이

대단했던가……. 집집마다 국기를 게양했고, 사람들은 응원을 하기 위해 온몸에 알제리 국기를 감고 길거리에 나와 있다. 오늘 경기가 중요한 만큼 열기도 대단하다. 알고 보니 축구는 중동과 아프리카에서도 가장 인기있는 스포츠라고 한다.

그들을 뒤로 하고 수전부리용 쿠키를 사기 위해 나는 베이커리로 향했다. 그런데 갑자기 한 소녀가 성난 얼굴로 내게 다가와 "Go back to your country!"라고 한소리를 퍼붓는다. 거친 알제리인의 피를 지녀서인지 소녀임에도 왠지 무섭다. 건장한 모모 역시 무서웠는지 내 팔을 잡아 끌고는 바삐 발걸음을 옮긴다.

우리는 재빨리 쿠기를 사서 알제의 랜드마크인 충혼탑으로 가는 케이블카에 올랐다. 케이블카는 왕복 30알제리 디나르, 미 달러로 50센트 정도다. 왜 이렇게 싼가 싶었더니 걸리는 시간이 겨우 1분 남짓. 케이블카로 도착한 높은 언덕에서 아래를 내려다 보니 알제시와 시원한 바다가 한눈에 들어온다.

마콤 아샤히드Maqam Ashahid라는 전승 기념탑은 프랑스와 독립전쟁 중 죽은 희생자들을 기리는 탑이다. 탑의 상부는 현재 방송 수신탑으로 쓰이며, 하부에 있는 기념관에는 전쟁 당시의 사진과 기록물이 전시 중이다. 우리나라 대통령 중에서는 2006년 고 노무현 대통령이 처음으로 이 탑을 방문했다는 기록이 있다.

여행을 가려는 사람이라면 당연히 자신이 갈 곳에 대해 관심을 갖고 정보를 찾게 마련이다. 하지만 예전에 나는 그런 사람들을 이해할 수 없었다. 계획에 따르기보다는 즉흥적으로 가서 직접 느끼고 깨닫는 것이 더 좋은 여행이라고 생각했던 것이다. 그런데 여러 번의 여행에서 크게 얻은 것이 없이 사진만 잔뜩 찍어온 나를 발견하고는 적당한 계획과 정보야말로 더 효율적이고 많이 배울 수 있는 여행의 지름길이라는 것을 깨닫게 되었다.

지금의 알제 여행 역시 알제리에 대해 전혀 몰랐다면, 나는 그저 알제리를 난폭하고 구경할 것 없는 나라로만 여겼으리라. 그리고는 다른 동료들처럼 호텔 방에만 틀어박혀 룸서비스를 시키고는 텔레비전만 시청했으리라. 어디 그뿐인가. 이 탑을 보지 못하고, 알제리에 대해 더 잘 알 수 없었을 뿐만 아니라 알제리 사람들도 축구에 열광한다는 사실을 알 수 없었으리라.

시원한 휴식처를 찾아 모여든 알제의 시민들 사이를 걸어가며 풍경을 감상하다가 문득 동료들과의 저녁 약속이 생각났다. 이럴 때는 아쉬움을 뒤로 하고 다시 케이블카를 타고 내려올 수밖에 없다. 그 와중에 모모가 내 손바닥에 뭔가를 올려놓는다.

"응원용 헤어밴드야. 우리 오늘 재밌게, 목터지게 응원하자!"

"오케바리! 너, 한국인들이 얼마나 응원을 잘 하는지 모르지? 오늘, 보여주겠쓰!"

모모 덕분에 알제리 국기 그림에 'Viva L'algerie' 가 적힌 헤어밴드를 한 나는 동료들뿐 아니라 레스토랑 점원들 사이에서도 인기 폭발이었다. 우리는 저녁 식사로 맛있어 보이는 음식들을 주문하고, 맥주도 한 잔 시킨 후 경기를 지켜봤다. 하지만 우리나라 경기도 아닌데다 아랍어로 해설을 하니 지루한 감이 없지 않았다. 경기 전후반 모두 0:0으로 끝나니 더욱 지루하게 느껴졌다.

하지만 응원용 헤어밴드를 받았을 때 약속을 했던 터라 목이 터져라 'Viva L'algerie' 를 외쳤다. 경기는 결국 연장전에서 알제리가 한 골을 넣어 1:0으로 끝났다. 26년 만에 알제리가 월드컵 진출이라는 쾌거를 달성한 것이다. 손님과 직원, 너 나 할 것 없이 서로를 끌어안고 즐거움을 나누는 사이 어느새 내 머리에는 레스토랑 매니저가 씌워준 모자가 씌워져 있고, 손에는 누구 것인지도 모를 알제리 국기가 들려져 있다.

이 마당에 뭐가 중요하겠는가. 서로 기쁨을 나누면 되는 것을……. 밖에서는 승리를 축하하는 폭죽이 어둔 밤을 밝히고, 길거리에는 사람과 차량의 물결로 넘쳐난다. 늦은 시간임에도 불구하고 수많은 사람과 차량으로 도로는 이미 교통이 마비되었다. 그리고 하나된 목소리로 "One two three viva L' algerie."가 알제 시내를 가득 메웠다. 2002년 우리나라의 '대~한민국. 짝짝짝 짝짝.'처럼…….

그들의 구호에 맞춰 나도 "One two three viva L' algerie."를 외치며 그들과 함께 기쁨을 만끽했다. 나는 그렇게 거칠고 위험하다는 알제리인들과 허물없이 사진도 찍고 자동차에 올라가 괴성을 지르며 잊을 수 없는 밤을 보냈다. 감사하게도, 나는 이날 알제리로 비행을 왔고, 이런 큰 이벤트의 현장에서 그것을 지켜보았다. 정말 꿈만 같다는 말은 이럴 때 나오는 모양이다.

하지만 그 덕분에 다음날 공항으로 가는 길은 수단에서 돌아오는 축구단을 맞이하기 위해 공항으로 몰려간 수많은 인파로 마비가 되었다. 비행기가 이륙할 시간이 다가오자 승무원들은 안절부절했다. 다행히 안전한 이륙 후 우리는 비행기 안에서 승객들과 축구 이야기로 더없이 즐거운 시간을 보낼 수 있었다.

카타르에 돌아와 체킹에게 사진을 보여주며 이야기를 들려주자, 그는 "Oh, My God!"만 10번도 넘게 외치고는 이렇게 덧붙였다.

"Hyang mi, you are crazy. I swear you are crazy."

많은 크루들이 알제는 위험해서 나갈 수 없는 탓에 너무 지루하다며 불평할 때, 나는 시내 구경을 하고 맛있는 밥을 먹고 사람들과 어울리며 즐거운 시간을 보냈다고 하니 제킵이 아주 흡족한 듯 나를 바라본다. 그리고 고맙다며 내 사진들을 자신의 페이스북으로 가져가 한

동안 프로파일 사진으로 걸어 두었다.

아직도 축구 경기를 볼 때마다 나는 그들의 미친듯한 응원이 귓가를 맴도는 것 같다. 그리고 환희의 순간에 외쳐대던 구호와 함께 두 손을 불끈 치켜들게 된다.

"One, two, three, Viva L'algerie."

겨울 정취 가득한
크리스마스 마켓과 글루 와인

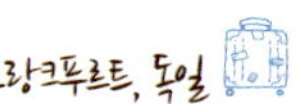

유럽 여행을 가는 친구들을 보면 대개 독일을 그냥 지나치는 법이 별로 없다. 그러나 유럽 최고의 교통 중심지임에도 불구하고 문화 중심지인 뮌헨이나 수도인 베를린, 아름다운 성이 있는 퓌센 등에 비해 다소 볼거리가 적다는 이유로 프랑크푸르트는 폄하 되거나 혹은 그저 눈도장만 찍고 가는 도시로만 인식되곤 했다. 나 또한 그랬다.

하지만 뢰머 광장을 비롯한 아름다운 구시가지, 유럽 경제 중심지의 면모를 볼 수 있는 유로타워와 전망대, 마인 강을 보며 맛보는 사과 와인과 저렴하고 맛있는 전통 음식 부르스트Wurst. 소시지와 학센, 매일 밤 재즈 선율을 들을 수 있는 유서 깊은 재즈 클럽 등 많은 매력을 지닌 도시가 프랑크푸르트라는 것을 나는 뒤늦게 알게 되었다. 더욱이 가까이에 아름다운 고성이 있는 하이델베르크, 동화 마을 슈타이나우, 온천 도시 비스바덴 등으로의 여행이 무척 편리한 이곳은 이제는

그냥 지나쳐서는 안 되는 유럽 교통과 항공의 허브가 되었다.

그러나 무엇보다도 내게 프랑크푸르트는 사랑스런 친구, 사라와 클라우디아 때문에 가슴이 설레는 곳이다. 2006년 호주를 여행할 때 잠깐 만났지만, 지금까지도 그들과 꾸준히 연락을 취하고 만나는 걸 보면 인연도 보통 인연은 아닌 모양이다.

독일에서 겨울이라고 하면 나는 제일 먼저 크리스마스 마켓을 떠올린다. 크리스마스 트리의 불빛 아래서 맛보는 따뜻한 글루 와인레드 와인도 그만이다. 유럽의 많은 지역에서도 크리스마스 마켓을 구경할 수 있지만, 나는 유독 독일의 마켓을 제일 좋아한다. 마치 동화 속의 주인공이 된 것 같고, 덩치가 크고 차가울 것만 같은 독일인들의 가슴 한 편에 자리 잡은 동심과 따뜻함을 느낄 수 있기 때문이다.

독일 전역에서는 예수님의 탄생을 기리는 대림절 4주간 크리스마스 마켓이 열리는데, 프랑크푸르트의 마켓은 구시가지의 중심지인 뢰머 광장에서 사랑과 따뜻함을 전한다. 유럽 경제의 중심지답게 높은 빌딩이 가득하지만, 1393년에 시작되어 수백 년을 이어온 마켓이 절묘한 조화를 이뤄 매년 수백만 명의 관광객이 이곳으로 몰려든다.

이곳에서는 눈썰매를 끄는 산타, 아기 천사, 빨간 코를 가진 루돌프 사슴 등으로 지붕을 장식한 200여 개의 상점에서 수공예품, 예술품, 축제 요리, 음료 등을 판다. 그리고 그 기간에는 성 니콜라스 성당의 발코니에서 매일 트럼펫 연주가 열려 독일의 긴 겨울 밤을 더욱 화려하게 수놓는다.

중앙역에서 오랜만에 사라와 클라우디아를 만나 수다꽃을 피우며

겨울 정취 가득한 크리스마스 마켓과 글루 와인 프랑크푸르트, 독일 149

마켓이 열리는 아름다운 구시가지, 뢰머 광장으로 향했다. 제일 먼저 눈에 띄는 것은 광장 한편에 우아하게 자리 잡은 성탄 트리다. 빨간색 리본으로만 단정하게 치장한 트리가 요란스럽지 않고 은은하다.

마켓에서는 크리스마스 장식으로 꾸며진 작은 가판대마다 작고 앙증맞은 양초에서부터 크리스마스 카드, 인형, 쿠키까지 팔지 않는 게 없다. 큰 덩치와 달리 독일인들은 어쩌면 이리도 아기자기할까. 나이를 먹어도 동화 속 사람들 같다. 세련되고 심플한 디자인을 좋아하는 우리나라 사람들이라면 이런 물건들을 구질구질하다고 치워버릴 것이 분명하다. 물론 나도 바로 그런 사람 중 하나다.

나는 마켓에서 사촌 동생에게 줄 호두까기 인형을 하나 샀다. 왜 유난히 호두까기 인형을 많이 파는지 클라우디아에게 물었더니, 성탄절 즈음에는 호두나 땅콩 등 견과류를 많이 먹는단다. 그래서 껍질을

까기 편하게 집집마다 호두까기 인형을 하나씩 놔둔단다. 요즘은 기계가 잘 발달된 데다 껍질을 벗겨서 팔기 때문에 인형으로 껍질을 까는 사람이 드물지만, 여전히 집집마다 하나씩은 있다고 한다.

그런데 사람들을 유심히 관찰해 보니 찻잔을 들고 삼삼오오 모여서 무언가를 홀짝홀짝 마시고 있다. 너무 궁금해 클라우디아에게 그것의 정체를 물었다.

"스파이스 와인spice wine이야. 우리도 마시자. 크리스마스 마켓에서 스파이스 와인을 빼면 말이 안 되지."

스파이스 와인이라……. 고추 와인이라는 거야, 매운 와인이라는 거야? 이상하다 싶어 되물었더니 사라와 클라우디아가 까무라치게 웃는다. 알고 보니 레드 와인에 향신료와 꿀을 섞어서 데운 따뜻한 와인으로, 한 잔에 3.50유로로 저렴할 뿐만 아니라 체리 맛, 블루베리 맛, 크랜베리 맛 등 그 종류도 다양하다.

글루 와인Gluhwein이라고도 부르는 이 달짝지근하고 따뜻한 술을 마시며 우리는 추위도 잊은 채 계속 이야기꽃을 피웠다. 요즘 졸업논문 제출과 시험으로 스트레스를 받고 있다는 클라우디아의 몇 년째 싱글인 나를 위해 남자를 물색해 놨다는 사라. 우리는 공부, 직장, 남자친구, 미래 등 다양한 주제들에 대해 이야기를 나눴다. 그 사이사이에 자기의 영어 실력이 부족해 답답하다는 귀여운 사라와, 인턴쉽을 하고 싶은 회사에서 연락이 꼭 왔으면 좋겠다는 야무진 클라우디아와 사진도 찍었다.

글루 와인을 마시고 나니 컵을 그냥 가져가도 되고, 돌려주면 1유

로를 돌려준단다. 매년 새로운 디자인에 도시마다 그림이 다른 이 컵을
기념으로 가져가고 싶다고 했더니 사라와 클라우디아가 수건으로 깨끗
이 닦아서 가방에 고이 넣어준다.

그러고는 사라가 가방에서 뭔가를 주섬주섬 꺼낸다. 내 생일 선물
이란다. 산타클로스 모양의 초콜릿, 달콤한 향이 풍기는 양초, 따뜻한
양말, 거친 나의 손을 위한 핸드 크림까지 그야말로 종합 선물 세트다.
고맙다는 말도 못했는데 늘 이야기 보따리를 푸느라 막차 시간이 임박
해 사라는 역으로 뛰어가면서 손을 흔들며 작별 인사를 했다.

호텔로 돌아와서 선물들을 보노라니 어렸을 적 엄마에게서 받았
던 큰 인형이 생각난다. 10년을 넘게 내 침대 옆에서 함께 생활했던

울보 인형 말이다. 문득 크리스마스의 따뜻했던 기억이 새록새록 떠오른다. 그녀들이 건넨 크리스마스 선물에 울보 인형이 떠오르다니 참 주책이다.

오랜만에 만난 사라와 클라우디아, 프랑크푸르트의 크리스마스 마켓과 처음 마셔본 스파이스 와인, 이 모든 것들이 한 겨울 꽁꽁 얼어붙은 내 마음을 녹여주는 것 같다. 좋은 사람과 좋은 때, 좋은 장소, 좋은 먹거리가 한데 어우러지기란 사실 매우 어려운 일이다. 여행을 자주 다닌 나는 그것을 잘 알고 있다. 그런데 참 신기하다. 이것들이 어우러지니 유년으로의 행복한 마음 산책을 떠난 것만 같다.

중세의 기사가 말을 타고
달려올 것만 같은 성스러운 도시

"기내에 계신 승객 여러분, 안전벨트를 착용해 주십시오. 이 비행기의 도착 예정지는 룩, 룩, 룩셈부르크. 아, 아, 아르헨티나. 자 같이 펼쳐 보자 세계 지도, 너의 꿈들을 펼쳐 보아라. 자 어디 붙어 있나 찾아보자, 룩, 룩, 룩셈부르크. 아, 아, 아르헨티나."

유럽 지도를 펼쳤다. 동유럽 신생국들을 제외하고는 유럽의 웬만한 곳을 다녀봤던 나는 혹시나 못 가본 곳이 있지 않을까 싶어 지도를 쥐 잡듯이 살펴봤다. 벨기에의 아래쪽에 위치한 작은 나라, 룩셈부르크가 눈에 들어왔다. 인디밴드 '크라잉넛'의 노래 때문에 룩셈부르크가 더욱 흥미롭게 다가왔다. 수많은 나라 중에 왜 룩셈부르크를 노래 제목으로 정했는지는 모르겠다. 하지만 흥겨운 이 노래를 들으며 브뤼셀에서 룩셈부르크로 가기 위해 나는 아침 일찍 길을 나섰다.

구름이 잔뜩 낀 하늘. 날씨가 상당히 매섭다. 브뤼셀 북역의 티켓

판매소에 줄을 섰다. 내 차례가 되자 41유로를 주고 룩셈부르크행 왕복 티켓을 샀다. 정해진 시간이나 좌석도 없이 두 달간 이용이 가능한 오픈 티켓을 들고 기차에 올랐다. 조용하리라 기대했던 기차는 만석으로, 여름 방학을 맞아 캠핑을 가는지 초, 중, 고 짐보리Gymboree 옷을 입은 학생들로 왁자지껄하다. 기차가 몇 정거장을 정차한 뒤, 많은 사람들이 내리자 기차 안에는 드디어 평화가 찾아왔다.

나는 따뜻한 핫초코와 말랑말랑한 크로와상을 먹은 뒤 잠시 눈을 붙였다. 선잠에서 깨어나 눈을 떠 보니, 기차가 브뤼셀 북역에서 출발한 지 정확히 3시간 만에 룩셈부르크 중앙역에 도착했다. 아먼드 스트레인챔프스Armand strainchamps라는 룩셈부르크 작가가 그린 천장 그림이 이른 아침부터 부산을 떨며 여기까지 달려온 나를 반긴다.

중앙역을 나와 직선으로 뻗은 리베르테Liberte 거리를 따라 걷다 보니, 아돌프 다리Pont Adolphe다. 다리 양옆은 마치 중세 도시 같은 느낌이 물씬 풍긴다. 도시 전체가 성곽에 둘러싸인 느낌이랄까. 이제껏 봐 왔던 아기자기한 유럽의 도시들과는 또 다른 분위기다. 다리 너머로 오른쪽에는 노트르담 성당이, 중간에는 헌법광장에 우뚝 서 있는 여신상이 보인다.

아돌프 다리를 건너 구시가로 접어드니 멋스러운 골목 사이로 에르메스, 루이뷔통 등의 명품 샵과 Zara, H&M 등 중저가 유럽 브랜드 샵이 가득하다. 레스토랑으로 둘러싸인 아름 광장 한쪽에는 광장 규모만큼이나 작은 시청사가 자리하고 있다. 주말을 맞아 놀러 나온 가족들로 시끌벅적한 광장에 앉아 이동할 노선을 짜고 잠깐 여유를 부

려본다.

　IMF의 공식 발표에 따르면, 룩셈부르크는 2010년 현재 1인당 GNP가 11만 달러로 세계에서 가장 부유한 나라다. 우리나라와 비교했을 때 5~6배가 높은 수치다. 그렇게 잘산다고 들었기에 무척 기대를 했었는데 50만 명이라는 적은 인구 때문인지 아름 광장의 시청사를 비롯한 모든 건물들이 작고 검소해 보인다. 화장기 없이 수수하게 차려입은 사람들의 모습에서도 이곳 사람들이 사치를 하지 않는 소비 문화를 가졌다는 것을 금방 확인할 수 있다.

주말시장이 들어선 윌리엄 광장은 활기와 여유로움이 느껴진다. 먹으면 건강해지고 예뻐질 것 같은 오가닉 잼, 치즈, 소시지, 과일과 채소 등이 모두 모여 있다. 그렇다. 유럽의 자급자족형 생산과 소비문화를 엿볼 수 있는 곳이 바로 이 주말시장이다.

윌리엄 광장 맞은편을 걷다 보니 두세 명의 사람들이 소박한 건물을 배경으로 연신 사진을 찍고 있다. 도대체 이곳이 어딘가 싶어 확인했더니 대공 궁전이란다. 뭣이라? 이게 궁전이라고? 브뤼셀에서 오줌싸개 동상을 봤을 때보다도 허탈하다. 궁전이라고 하면 대개 넓은 정원과 몇 채의 건물이 있기 마련인데, 이렇게 초라할 수가……. 처음 이 나라에 도착했을 때 내가 가졌던 느낌, 유럽에서 가장 잘 사는 나라임에도 불구하고 허세보다는 실용적이고 절약이 몸에 배어 있다는 것을 다시 한 번 확인하는 순간이다.

그런데 근위병이 서 있어야 할 초소의 문이 굳게 닫혀 있다. 눈을 씻고 찾아봐도 근위병이 보이지를 않는다. 매일 2시간마다 근위병의 교대식이 열린다고 해서 기대를 하고 왔

건만. 도대체 그들은 어디로 가버린 걸까?

점심을 먹으며 잠시 쉬기 위해 궁전 앞에 있는 작은 레스토랑에 들어갔다. 왠지 히피스러우면서도 심플해 보이는 이곳이 마음에 든다. 옆 테이블에 앉은 사람들에게 "봉쥬Bonjour."라고 인사를 한 뒤 메뉴판을 찾자, 웨이터가 큰 칠판 메뉴판을 가져온다. 순간 〈무한도전〉에서 가수 정재형 씨가 파리의 한 레스토랑에서 점원이 들고 온 칠판을 보며 음식을 주문하던 장면이 오버랩 된다. 그 프로그램을 보면서 '왜 난 유럽을 수십 번도 더 갔는데 저런 경험을 못 했지?' 라고 생각했는데 오늘에서야 비로소 경험을 하게 되었다.

번거롭지 않게 작은 책자로 메뉴판을 만들어 테이블마다 놓아두면 편리할 텐데 왜 그러지 않는지 나는 궁금해졌다. 독일인 친구에게 물어보니 개인이 운영하는 작은 레스토랑에서는 그날그날 신선한 재료에 따라 메뉴를 조금씩 바꾼단다. 그래서 쉽게 썼다가 지우고 또 쓸 수 있는 칠판이 훨씬 편하다고 답해준다.

메뉴는 불어로 적혀 있지만, 눈치코치 100단이 된 나는 웬만한 건 다 이해했다. 나는 16유로짜리 세트를 시켰고, 애피타이저로는 샐러드를, 메인 요리로는 룩셈부르크 소시지를 주문했다. 그리고 술도 룩셈부르크산 맥주로 주문했다. 룩셈부르크에서 유명한 보퍼딩Bofferding 맥주를 마시며 옆 테이블에 혼자 있던 아저씨와 이야기를 나누는데, 다른 테이블에 앉아 있던 아줌마가 "Ah.", "Good", "Really?" 등의 추임새를 넣으며 시나브로 끼어든다. 역시 세계 각국의 아줌마는 어디나 똑같나 보다.

일반적인 그린 샐러드를 기대했던 나는 처음 보는 이곳의 샐러드에 몇 초간 말을 잃었다. 상큼해야 할 샐러드에 비려 보이는 생선들이 줄줄이 올려져 있었기 때문이다. 그러니 금직한 연어부터 차례로 찍어서 먹어보니 생각보다 비리지 않고 샐러드 소스가 입맛을 자극한다.

갖가지 생선들이 무엇인지 궁금해서 물어본 내게 영어가 능숙하지 않은 웨이터가 성심성의껏 설명을 한다.

"이건 엔쵸비멸치, 이건 시바스농어, 이건 새먼연어, 이건 스모킹 새먼이에요."

웨이터가 스모킹 새먼이라고 하자 또 다른 테이블에 앉아 있던 아줌마가 한마디 거든다.

"스모킹smoking salmon이 아니고, 스모키드smoked salmon라고 해야죠."

그 말에 우린 하나 같이 담배 피는 물고기를 흉내내며 웃었다.

"엔쵸비가 이렇게 큰 건 처음 봤어요, 유럽 사람들이 크니까 엔쵸비도 크네요."

내가 이렇게 한 술 더 떴더니 모두들 배꼽이 빠져라 웃는다.

룩셈부르크처럼 잘 사는 나라는 월 급여 수준이 얼마나 되는지 물었더니 못 받으면 한 달에 1,500유로, 보통은 3,000~5,000유로, 그 이상이면 잘 받는 편이란다. 저임금이 우리나라 돈으로 200만 원이 훨씬 넘는다니 놀라울 따름이다. 나는 이런 나라에서 부족한 것 없이 살고 있는 당신들은 정말 행복한 사람이라고 넋두리를 늘어 놓는다.

며느리가 일본인인 룩셈부르크 아저씨와 우리나라의 LG 휴대폰을 사용한다며 자랑하시는 귀여운 아줌마와 즐거운 대화를 나누다가 오늘은 왜 근위병이 없는지 물었다. 7월이어서 여름 휴가를 떠났고, 휴가 기간에는 초소를 비워둔다는 대답에 나는 놀라지 않을 수 없었다. 군인이 초소를 비우고 휴가를 가다니. 한국에서는 상상도 할 수 없는 일이라고 했더니 그 사람들도 쉬어야 또 일을 할 수 있단다. 달라도 정말 너무 다른 문화다.

룩셈부르크산 소시지와 매쉬 포테이토를 먹으며 아저씨가 자신의 가슴 아픈 가족사를 털어놓는다. 한숨을 쉬는 그에게 힘내시라며 좋은 일이 생길 것이라고 말하면서도, 문득 어린 내가 어른께 이런 조언을 하다니 새삼 놀라울 뿐이다. 어쩌면 영어를 구사할 수 있다는 것이 나이와 서열을 떠나 모든 사람이 동등해질 수 있는 수단을 가지게 되는 것은 아닐까라는 생각이 든다.

레스토랑을 장식한 맥주병의 빨간 사자가 궁금해서 물어보니 사자는 룩셈부르크를 대표하는 동물로, 왕가의 힘과 융통성을 상징한다고 아저씨가 알려 주신다.

"아저씨, 사자랑 호랑이랑 싸우면 누가 이길까요?"

내 싱거운 농담에 한참을 고민하시는 아저씨. 우리는 그렇게 시시껄렁한 이야기를 나누고 웃으면서 점심을 즐겼다. 어느덧 점심을 마치고 레스토랑을 나서야 할 시간이다. 즐거웠노라고 인사를 건네며, 계산을 마치고 거리로 나서기 위해 레스토랑 문을 열었다.

레스토랑을 나와 나는 지도를 덮고 마음 가는 대로 이리저리 걸었다. 걷다 보면 멀지 않은 곳에 관광 명소가 있게 마련이다. 전면이 유리로 된 현대식 건물의 룩셈부르크 역사 박물관을 지나 오르막길을 친친히 오르니 룩셈부르크 최고의 볼거리인 보크의 포대에 도착했다.

설벽 아래로 알제트 강이 흐르는 이 포대는 유럽에서 가장 완벽한 요새라는 말이 전혀 틀리지 않다. 이곳에서 보는 풍경은 정말 아름답다. 아름답다는 표현 외에 더 멋진 표현을 생각해 내지 못하는 내가 야속하기만 하다. 유네스코 세계문화유산으로 지정된 이곳은 유럽의 수많은 동화 같은 도시와는 또 다른 고풍스러움이 존재한다. 그전까지 '룩셈부르크는 와도 그만, 안 와도 그만.' 이라고 생각했지만, 이곳을

보자 정말 오길 잘 했다는 생각이 든다.

케이스메이트Casemates라는 절벽의 바위 안에도 들어가 보고 여러 위치에서 풍경을 감상하다가 포대 아래로 유유히 흐르는 알제트 강을 더 가까이서 보고 싶어 밑으로 내려갔다. 그룬트Grund라는 이곳은 고요하면서도 중세 복장을 한 기사가 말을 타고 내게로 달려올 것처럼 성스러운 분위기를 자아낸다. 하지만 영화 〈트로이〉의 브래드 피트가 말을 타고 멋지게 나에게 달려오는 기분 좋은 상상은 중국인 관광객들의 소음으로 순식간에 깨지고 말았다.

스노우볼과 멋진 엽서를 기념품으로 고른 뒤 역으로 돌아가는 길에 들른 노트르담 성당은 룩셈부르크의 주요 행사가 항상 끊이지 않는 곳이다. 성당 지붕에서 룩셈부르크 왕가의 깃발이 휘날린다. 좀전에 레스토랑의 맥주병에서 봤던 붉은 사자가 한눈에 들어온다. 그렇다. 나는 그 레스토랑에서 이 사자가 룩셈부르크 왕가의 힘과 융통성을 상징한다는 걸 배웠다.

이 작고 부유한 나라에 가기 전, 내 머릿속의 룩셈부르크는 세계에서 가장 작은 나라 중 하나, 유럽에서 가장 잘사는 나라 정도였다. 그래서 막연히 북유럽처럼 잘 차려입은 사람들을 예상했다. 그러나 그들은 검소한 차림에 몇 년 지난 핸드폰을 가지고 있었다. 그들을 보며 얼마나 절약 정신이 몸에 배어 있는지, 프랑스와 독일이라는 강대국에 끼어 있음에도 불구하고 이 자그마한 나라가 왜 유럽에서 실질적인 힘을 가지고 있는지를 알 수 있었다.

오후 6시 20분에 출발한 기차는 다시 3시간 후 정확히 브뤼셀 북역에 나를 데려다 주었다. 3시간 만에 국경을 넘어 다른 나라를 보고 오니 꿈을 꾼 것만 같다. 이 여행이 꿈이지 않았을까 카메라를 꺼내서 보았더니 중세 도시의 모습이 고스란히 담겨 있다. 사진 속에서 말을 탄 왕자가 금세라도 달려올 것만 같다.

러시아인의 어머니 모스크바,
스파시바 모스크바

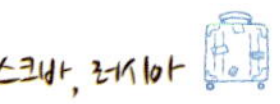

'영하 20도의 겨울에 샤프카털모자를 쓰고 캐비어철갑상어 알을 소금에 절인 음식를 먹으며 보드카를 마시는 민족.'

러시아와 러시아인에 대해 내가 가진 이미지는 고작 이것뿐이었다. 소련연방 시절, 세계대전, 항공 기술과 핵무기, 놀라운 기술의 무용과 체조 등에 대해서도 물론 어느 정도는 알고 있었지만, 모스크바에 내린 순간, 나는 러시아에 대해 정말 무지했음을 깨달았다. 러시아에 가 본 사람을 만난 적도, 이야기를 들은 적도 거의 없어서 나는 막연히 러시아가 동유럽과 비슷할 거라고 생각하고 있었다. 그래서 왠지 위험하면서도 자유분방할 거라고 예상했었다.

나는 러시아가 여름에도 쌀쌀할 것만 같아 자켓을 준비했고, 모스크바의 살인적인 물가를 익히 들어왔기에 밥을 먹고 기념품을 살 돈을 넉넉히 준비해 갔다. 그들의 공용어는 러시아어지만, 내가 아는 것

은 겨우 '스파시바_{고마워요}' 뿐이었지만 유럽이니 영어가 통용될 것이라고 판단해 언어에 대한 걱정은 전혀 하지 않았다. 그러나 웬걸? 그것은 내 기대에 지나지 않았다.

공항을 빠져 나오자 금발 머리에 가슴을 훤히 드러낸 옷차림을 한 여성들에게서 자유로운 유럽의 분위기가 물씬 풍긴다. 공항을 출발한 지 1시간 만에 호텔방에 들어서니, 유유히 흐르는 강과 라디슨Radisson 호텔의 황홀한 경치가 한눈에 들어온다. 정치, 문화, 경제적인 면에서 러시아의 심장과도 같은 역할을 하는 붉은광장으로 가보자고 나의 발걸음이 재촉을 한다.

러시아의 대문호, 톨스토이의 "러시아인이라면 모스크바를 어머니라고 느낀다."라는 말을 확인해 보기 위해 해가 아직 저물지 않은 오후 5시에 길을 나섰다. 호텔 직원에게 지도를 얻어서 가고 싶은 곳들을 체크한 후, 지하철 노선도를 덤으로 받았다. 그러고는 지하철에 대해 설명해 주겠다는 직원에게 나는 대담하게 대꾸했다.

"고맙지만, 괜찮아요. 지하철을 타고 내리는 건 저한테는 식은 죽 먹기예요."

호텔을 나와 횡단보도가 없는 대로를 건너기 위해 지하도로 내려갔다. 지하도에는 음료며 옷, 악세서리 등을 파는 작은 상가들이 모여 있었다. 낡고 닳은 것이 우리나라의 1980년대와 비슷하다. 지하철 표는 자동 발권기에서 언어를 영어로 선택한 후 목적지와 매수를 누르면 된다고 지레 짐작했건만, 자동 발권기가 보이질 않는다. 역무원에게 1일 승차권이 있느냐고 물어보니 영어를 전혀 못 하는 그녀가 냉

러시아인의 어머니 모스크바, 스파시바 모스크바 모스크바, 러시아 171

랭한 표정을 짓는다. 30루블을 주니 2루블을 거슬러 준다. 보아하니 거리나 환승에 상관없이 1회권은 28루블인 모양이다. 약 1달러인 셈이다.

나는 사실 모스크바의 지하철에 많은 기대를 품고 왔다. 여러 매체에서 모스크바의 지하철에 대해 찬사를 보냈기 때문이다. 그러나 직접 마주하니 멋있다기보다는 오래되고 관리가 되지 않고 있다는 느낌이다. 게다가 구소련 시대의 복장을 한 공안들이 진을 치고 있어 무섭기까지 하다. 서유럽 경찰들을 보면 '아, 경찰이 있으니 안전하겠구나!'라고 마음이 편해지는 반면, 모스크바 경찰들은 '갑자기 경찰이 여권을 보여달라며 잡아가면 어떡하지?' 라는 생각이 든다.

영어가 병기되지 않은 지하철역의 노선도와 영어가 병기된 내 노선도를 그림을 맞추듯이 확인한 후에야 나는 비로소 지하철에 올랐다. 지하철은 굉장히 빠른 속도로 달릴 뿐만 아니라 문도 빨리 닫히고, 빨리 출발한다. 술병 하나씩을 들고 괴성을 지르는 젊은이들 사이로 바닥에는 술병들이 굴러다닌다. 사람들의 초라한 행색에서 다소 못 사는 후진국이라는 느낌이 든다. 지하철에 동양인은 나 하나 뿐이다.

역 이름이 표시되지 않은 많은 지하철 역, 환승할 때마다 이름이 바뀌는 역들, 출입구가 구분되어 있는 모스크바의 지하철 시스템은 이제껏 다녀 본 나라들 중 가장 헷갈린다. 그래서 호텔 직원이 지하철도 설명을 해 준다고 했던 것일까? 물어볼 만한 사람도 없으니 혼자 노선도를 꼼꼼히 살펴가며 1호선의 테아트랄나야Teatralnaya 역에서 내렸다. 높은 천장의 화려한 샹들리에와 멋진 그림들로 그 모습을 달리

하는 모스크바의 지하철역이 첫 인상과는 달리 볼수록 매력적이다.

지하철역 밖으로 나오니 눈부시게 붉은빛의 건물들이 눈에 들어온다. 많은 관광객들과 화창한 날씨가 화려한 그림에 운치를 더한다. 내가 처음으로 마주한 건물은 알고 보니 1872년에 세워진 주 역사 박물관이다. 모스크바라면 대번에 떠올리게 되는 붉은 빛의 건물에, 흰색의 첨탑과 지붕. 내가 눈의 나라에 왔음을 더욱 확실하게 각인시켜 준다.

'부활의 문'을 통과해 간단히 소지품 검사를 마친 후 붉은광장으로 들어섰다. 1893년에 세워진 유럽풍이 백화점, 림Rym. 궁과 크렘린

성벽을 배경으로 한 레닌 묘와 바스까야 탑, 광장의 심장이라고 할 수 있는 바실리 대성당이 한 폭의 그림 같다.

붉은광장에서 가장 유명한 바실리 대성당 앞은 역시나 관광객들로 인산인해다. 세라믹 타일로 화려하게 장식된 이 성당은, 이반 대제가 이렇게 아름다운 건물이 또 지어질까 두려워 건축가 두 명의 눈을 뽑아버렸다는 전설을 낳은 곳이다. 슬픈 과거를 잊으라는 듯 9개의 첨탑은 화려하기만 하다.

내가 학창 시절 즐겼던 테트리스 게임에 등장하는 바실리 대성당. 그래서일까? 왠지 친근하다. 금세라도 '띠띠 띠리리리 띠띠 띠리리리!' 라는 게임의 배경 음악과 함께 귀여운 근위복을 입은 병정들이 나타나 춤을 출 것만 같다. 여느 성당이 가지는 신성한 분위기보다는 놀이공원 같은 느낌이 독특한 매력을 풍긴다.

테트리스 게임은 소비에트 과학원에서 음성 인식과 컴퓨터 디자인 프로그램을 개발하던 알렉세이 파지노프라는 연구원에 의해 1984년에 개발되었다. 그는 5개의 정사각형을 이어 붙인 다양한 모양의 도형으로 만들어진, 러시아 퍼즐인 '펜토미노'에서 영감을 얻어 테트리스를 개발했다고 한다. 이후 테트리스는 유럽과 미국으로 퍼져 명실상부 역대 최고의 게임이 되었다. 어쩌면 게임 개발자는 테트리스라는 게임에 우연히 바실리 대성당과 전통 춤을 추는 근위병을 넣은 것이 아니라, 이를 통해 러시아의 문화를 알리고 싶었는지도 모른다.

성벽으로 둘러싸인 크렘린 궁전 주변으로는 멋진 분수와 공원

...НУ МИНИНУ И КНЯЗЮ ПОЖАРСКОМУ
...ОДАРНАЯ РОССІЯ. ЛѢТА 1818

이 조성되어 시민들의 휴식처로 이용되고 있다. 또한 거기에는 제2차 세계대전에서 죽은 용사들을 기리는 묘가 마련되어 있다. 그들의 영혼을 위로라도 하듯 활활 불꽃이 타오르고 있다. 다른 유럽 국가에서는 볼 수 없었던 롱부츠처럼 생긴 군화를 신은 근위병들의 모습이 늠름하다. 멋진 음악이 울려 퍼지는 가운데 멀리 삼위일체 망루가 보인다.

성벽 너머에 있는 궁전 안으로 들어가기 위해 티켓 판매소를 찾았다. 하지만 오후 7시라서 업무가 끝났는지 판매소의 문이 굳게 닫혀 있다. 볼쇼이 극장, 차이코프스키가 '백조의 호수'를 작곡하도록 영감을 준 호수공원, 모스크바 대학, Red October Chocolate Factory 등 보고 싶어 지도에 표시를 해두었지만, 모두 닫았을 거라는 사실에 마음이 허탈해진다.

붉은광장에 풀썩 주저 앉은 나와는 대조적으로 한껏 멋을 낸 러시아 젊은이들이 거리를 활보하고 있다. 높은 통굽 구두, 짧은 티셔츠, 몸에 착 달라붙은 물 빠진 청바지를 입은 여자들이 큰 귀걸이를 흔들며 눈앞을 지나간다. 마치 십수 년 전 우리나라의 모습을 보는 것 같다. 러시아에서는 시골 밭에서 일하는 여자조차 미인이라던데. 미인들이 모두 시골로 숨어버렸나 보다.

나는 모든 것을 포기하고 레스토랑, 기념품 가게 등이 즐비해 모스크바에서 가장 번화한 올드 아르바트 거리로 발길을 돌렸다. 러시아라면 빼놓을 수 없는 오페라와 발레 공연 매표소가 눈에 띈다. 거리 악사의 노래를 배경으로 해가 지고 있다. 검푸르게 변한 하늘 아래 알 수 없는 글자가 적힌 트램이 지나간다. 해가 저물어서일까? 대부분의 가게가 문을 닫았고, 사람들의 발길이 뜸해진 거리는 쓸쓸함이 느껴진다.

쓸쓸한 거리를 깨우기라도 하려는 듯 관광객들을 기다리는 거리의 화가가 내게 손짓을 한다. 그리고 우스꽝스러운 분장을 한 삐에로가 흩어진 사람들을 모으고 있다. 길 위의 배낭여행객들은 들고 있던 악기를 꺼내 즉석에서 연주를 하는가 하면, 붓과 물감을 꺼내 그림을 그리기도 하고, 길이 떠나가도록 노래도 부른다. 역시 젊음이 좋긴 좋구나!

그들을 보고 있자니 러시아의 전설적인 록그룹, 키노Kino의 리더였던 빅토르 최가 떠오른다. 러시아로 비행을 갈 때나 러시아 동료를 만날 때마다 나는 빅토르 최에 대해 묻곤 했는데 그를 모르는 러시안은 단 한 명도 없었다. 러시아에서는 그의 영향력이 정말 큰 모양이었다. 빅토르 최는 정치적인 메시지로 가득한 반항적인 록 음악으로 1980년대뿐 아니라 지금까지도 러시아 젊은이들에게 많은 영향을 끼치고 있다.

고려인 3세로 태어난 그는, 뛰어난 미술적 재능을 지녔지만 미술학교를 졸업하지 못한 채 생계를 위해 미장공, 빌딩 보일러실의 화부로 일해야만 했다. 하지만 뜨거운 예술혼을 불태워 러시아 최고의 영웅이 되었다. 그리고 로커이자 배우로서 큰 성공을 거두던 1990년 28살의 나이로 짧은 인생을 마감했다. 그의 인생이 젊음의 열정과 쓸쓸하고 외로움을 동시에 간직하고 있는 아르바트 거리와 많이 닮았다.

나는 여기저기를 기웃거리다 기념품을 사기로 마음을 먹었다. 단

순한 문양의 전통 마뜨료슈까가 좋겠다. 450루블1만 5천 원짜리 인형을 열면 똑같은 모양의 작은 인형이 들어 있고, 그 인형을 열면 똑같은 모양의 또 다른 작은 인형이 들어 있다. 그렇게 해서 총 8개의 인형을 쭉 펼쳐 놓으니 뭔가 큰 것을 얻은 기분이다.

맛있는 러시아 전통 음식을 맛보기 위해 구 아르바트 거리를 몇 번이나 오가다가 음식 종류도 많고, 젊은이들로 가득한 음식점으로 들어갔다. 러시아 전통 음식을 먹고 싶다는 내 마음을 알았는지 주인이 보쉬Borsch. 러시아와 폴란드에서 즐겨 먹는 육수에 채소를 큼직하게 썰어서 만든 수프와 필멘이라는 고기만두를 추천한다. 마스꼬스끼 보쉬는 사탕무Beet root 수프로 하얀 사우어 크림을 넣어서 먹는데 신기하게 느끼하지 않고 개운하며, 필멘도 의외로 정말 맛있다.

여기에 곁들여 러시아에 온 이상 한 번쯤은 마셔봐야 하는 보드카도 주문했다. 이 투명한 액체가 내게는 쓰디쓴 술이었지만, 벌컥벌컥 마시는 러시아 사람들을 보며 왜 보드카가 그들의 언어로 물을 의미하는지를 알 수 있었다.

러시아 사람들의 음주는 사실 무척이나 유명하다. 기내에서 종류를 불문하고 마셔대는 러시아 승객들 때문에 바 카트Bar cart는 동나기 일쑤다. 그러면 그들은 면세점에서 샀던 술까지 꺼내서 마셔댄다. 그렇게 마시고 취기에 빠져 착륙을 할 때면 연신 "스파시바감사합니다!"를 외치며 크루들에게 작별 인사를 한다.

배가 무척 고팠는지 따뜻한 수프와 만두가 순식간에 나의 눈앞에서 사라졌다. 배가 부르자 찬찬히 주위를 둘러보니 시샤물담배를 하는 사람들이 꽤 많다. 나중에 우즈베기스탄에서 온 동료에게 물어보니 아라비아인들의 전유물로만 알았던 시샤가 젊은 러시안들 사이에서도 새롭게 자리잡은 문화라고 했다.

식사를 한 후 날씨도 좋고, 아쉬움도 많이 남아 강을 따라 걸어보기로 했다. 중간에 한 남자가 다가와 말을 건다. 이런 경우 그냥 무시하는 것이 최선이다. 그 남자를 지나쳐 다시 걷는다. 밤 11시가 넘은 지금, 아무도 없는 이 거리가 지하철보다 안전하다는 느낌이 든다.

모스크바 강을 따라 아름다운 야경을 구경하다가 마침 샴페인 한 병을 놓고 담소를 나누는 젊은 친구들과 마주쳤다. 그들에게 사진을 부탁했다. 모스크바에서 처음 들어보는 유창한 영어다. 예쁘게 생긴 여학생이 나에게도 샴페인을 권한다. 따뜻한 샴페인이 조금 달콤하다. 개강 전에 시간도 남고 날씨도 좋아 강에서 술을 한 잔 하고 있다는 그들은 모스크바에서, 더욱이 이 시간에 혼자 다니는 나를 용감한 여자라고 치켜세웠다. 짧지만 샴페인만큼 달콤했던 그들과의 대화가 낯선 나라에서 혼자였던 내게 큰 위로가 된다.

그들과 대화를 나누고 다시 호텔로 돌아오니 동료들이 묻는다.

"Have you been here?"

"No."

"Can you speak Russian?"

"No."

"Do you know someone in Moscow?"

"No."

처음 온데다 말도 안 통하고 아는 사람도 없는 도시에서 혼자 돌아다니며 야경까지 구경했다는 나를 보고 동료들이 고개를 절레절레 흔들며 질문을 쏟아낸다. 내가 지하철을 타고 지도를 따라 걸어 다녔던 게 신기한 모양이다. 많은 한국인들이 이렇게 여행을 한다고 했더니 다들 대단하단다. 한국 친구들은 왜소한 체구나 어려 보이는 얼굴과는 달리 강인하고 똑똑하다면서 다들 한마디씩 거든다.

　다시 비행기가 모스크바 공항에서 이륙을 한다. 창밖을 내려다보며 어느덧 흰눈이 덮인 겨울에 다시 한 번 오고 싶다는 간절함이 생긴다. 그때가 언제가 될지는 모르겠지만…….

　“스파시바, 모스크바!”

바이킹의 나라,
스칸디나비아의 도시를 만나다

스톡홀름 스웨덴

"야, 스웨덴하면 뭐가 떠오르니?"

"당연히 쭉쭉빵빵 금발의 미녀들이지!"

유럽 출신의 남자친구들에게 물어보면 백발백중 이런 대답이 돌아온다. 그리고 여자들에게 물어보면 금발의 미남이라는 대답이 따라온다. 같은 유럽인들조차도 이렇게 인정하는 것으로 봤을 때, 스웨덴 사람들은 정말 축복받은 유전자를 가진 사람들이다. 게다가 여성 우대, 평생 복지, 천해의 자연과 평화까지 더해져 스웨덴은 내게 로망과도 같은 곳이다.

난생 처음 스웨덴을 간다니 설렘으로 흥분 지대로다! 사시사철 서늘하고 햇볕이 없을 줄로만 알았더니 화창한 햇살 아래, 도시는 활기에 넘친다. 여름이지만 왠지 쌀쌀할 것 같아 자켓을 걸치고, 우아하게 멋을 부리고 싶어서 자주 신지 않는 비싼 힐까지 신었다. 그런데 웬

걸? 늦은 오후임에도 날씨가 무척 따뜻하다. 결국 몸에서 땀이 나자 나는 자켓을 손에 들고 블라우스 소매를 말아 올렸다. 걸을 때마다 구두 굽이 포석 사이로 푹푹 빠진다. 왜 힐을 신고 나왔을꼬.

시청사로 가는 다리에는 은은한 향을 풍기는 흰꽃들이 가득하다. 코를 간지럽히는 꽃들 너머로 왕궁과 구시가지가 보인다. 이곳을 걷고 있는 지금, '아, 정말 행복하다!' 라는 감탄사가 절로 나온다. 행복은 머리로 생각하는 것이 아니라 가슴으로 느끼는 것이라는 말이 틀린 말이 아닌 모양이다.

화려하지도, 초라하지도 않은 붉은색의 시청 광장에서 멋들어지게 생긴 말 모양의 동상이 나를 반긴다. 다이너마이트를 발명한 알프레드 노벨의 유언에 따라 매년 12월, 이곳에서는 노벨상 시상식이 개최된다. 매년 노벨상이 발표되고 만찬이 열리는 시청사를 구경하기 위해 스웨덴을 방문하는 관광객들만 해도 상당하다고 한다.

하지만 나는 그보다 시청사의 타워에 올라 물의 도시를 구경하고 싶다는 생각이 무엇보다 간절하다. 그런데 이 일을 어쩌랴.

"All the tickets for today are sold out."

그야말로 오, 마이, 갓이다! 매표소 직원이 매일 파는 입장권의 수가 정해져 있어 되도록이면 일찍 와야 한다고 귀뜸을 해준다. 역시 여행은 준비가 치밀할수록 좋다. 할 수 없이 발길을 옮겨 시청사 뜰 안에 있는 기둥 수십 개를 지나니 탁 트인 발틱 해와 멀리 구시가지가 눈에 들어온다. 정원에서는 앉아서 담소를 나누는 사람들, 누워서 책을 읽는 사람들, 사진을 찍으며 깔깔대는 사람들이 나와 같은 장소, 같은 시간대를 즐기고 있다.

나는 바다에서 카누하는 사람들을 보자 "Hey!"라고 인삿말을 날린다. 스웨덴어로 'Hey.'는 영어로 'Hello.'다. 처음 스톡홀름에 왔을 때, 지나가던 여자가 다가와 큰 소리로 'Hey.'라고 해서 '저 친구가 나한테 시비거는 거야?'라고 생각했는데 알고 보니 인사를 한 거라고 했다.

발틱 해 너머로 아름다운 성당의 첨탑과 멋진 자연 경관을 감상하다가, 생뚱맞게도 얼마 전 한 매체를 통해서 접한 스웨덴의 수준 높은 정치가 떠올랐다. 매년 무더운 7월 첫째 주가 되면 스웨덴의 해변 휴양지인 비스비Visby에 위치한 알메달렌Almedalen에서는 정치 박람회인

'Almedalen Politics Weeks' 가 열린다.

이 행사에는 총리를 포함한 많은 정치인과 시민단체, 기관 등이 참여하는데, 그 기간 동안 참가자들은 휴양지의 여유로운 분위기 속에서 편안한 차림으로 격식이나 차별 없이 모든 이가 정치적 이슈와 정책 및 과제들에 대해 의견을 나눈다. 정치 박람회가 있다는 것만으로도 내게는 문화적 충격인데, 총리가 청바지 차림으로 세금으로 어떠한 정책들이 이루어졌고, 얼마의 예산이 남았으며, 그것을 앞으로 어떻게 쓸 것인지 등을 시민들 앞에서 브리핑하는 것을 보고, 스웨덴이 왜 선진국이 될 수밖에 없는지를 피부로 느낄 수 있었다.

어쩌면 그들의 진정한 부와 힘의 원천은 깨끗한 정치에 있는지도 모르겠다. 이렇게 정치인과 시민들이 서로 소통과 믿음을 기반으로 하니 이루지 못할 것이 무엇이겠는가. 그에 반해 우리나라는 언제쯤 이런 정치가 가능할지 모르겠다. 우리나라 정치인들이 이곳에 자주 들러 보고 배운 바를 실천으로 옮기는 기회로 삼길 바랄 뿐이다.

신시가지로 가는 길에 호텔에 잠깐 들러 옷도 갈아 입고, 신발도 갈아 신었더니 발걸음이 한결 가볍다. 신시가지는 늘 많은 사람들로 활기차다. 스웨덴 전통 요리를 맛볼 수 있는 구시가지에 비해 신시가지는 스시, 타이, 몽고 등 아시아 음식점들이 많은 편이고 H&M, ZARA, MANGO 등 유럽 브랜드의 옷 가게들과 대형 쇼핑몰, Gallerian, NK 등도 있다. 구시가지가 좁은 골목들을 탐험하는 것이 재미라면 신시가지는 넓은 도로를 따라 쇼핑을 하는 것이 재미라고 할 수 있다.

'Glad summer!' 라는 현수막 아래 스톡홀롬은 축제가 한창이다.

햇볕 나는 날이 많지 않은 이곳에서 여름은 그야말로 반가운 계절이
다. 나는 길거리 예술가들로 생동감이 넘치는, 신시가지 끝자락의 세
르겔 광장에 앉아 유리로 만들어진 감각적인 문화회관도 보고 스웨덴
남자들도 찬찬히 살펴본다.

역시나 훤칠한 키에 잘생겼다. 게다가 그들은 다른 유럽 국가에서
는 볼 수 없는 패션 감각까지 겸비했다. 어쩜 이렇게 멋있을까? 스키
니진, 배기바지헐렁헐렁한 바지, 플래드 남방체크 남방보다 격자가 큰 남방 등
을 걸치고 걸어 다니는 조각상들이 내게 또 다른 즐거움을 선사한다.

따스한 햇살과 아름다운 이 도시가 좋아 나는 무작정 걷는다. 유
명한 갈러리나Gallerina 백화점과 왕립공원, 유럽 전역에 퍼져 있는 스

웨디쉬 햄버거 전문점인 맥스Max도 지나쳤다. 발틱 해의 파도가 꿈을 꾸듯 넘실거리는 페리 선창장에 와서야 나는 걸음을 잠깐 멈춰섰다. 이곳에서 페리를 타면 볼거리가 가득한 유루고르덴 섬으로 간다. 청룡열차가 가득한 놀이공원과 멋진 고건물이 조화를 이룬 유루고르덴 섬은 관광객들이라면 누구나 가보고 싶어 하는 장소 중 하나다.

"Are you from Thailand?"

혼자서 사진을 찍고 있자니 지나가던 사람들이 웃으며 말을 건넨다. 백인 남자들은 대개 태국 여자들을 좋아한다. 늘 미소를 잃지 않고, 상냥하며, 남자에게 헌신적이기 때문이다. 하지만 이건 너무 심할 정도로 물어댄다. 하긴 동남아시아 여자처럼 생긴 내 얼굴이 원인 제공을 했을 것이다.

나는 외국인들이 출생 국가를 물을 때마다 맞춰 보라고 되묻곤 한다. 그러면 그들은 태국, 중국, 베트남, 인도네시아, 말레이시아 등 10개국이 넘는 아시아 국가들을 언급하다가 결국 포기한다. 그러고 나서 내가 "I'm Korean."이라고 하면 대개 "No way!"를 외친다. 나의 얼굴과 행동, 억양과 대화법이 한국인의 것이 아니라며 내게 분명 출생의 비밀이 있을 것이라고 농담을 던지기도 한다. 정말 엄마에게 물어봐야 하는 걸까.

구시가지인 감라스탄과 신시가지를 잇는 여러 교량들 사이로 노을이 진다. 노을이라는 놈은 참 신기하다. 활기차거나 혹은 뒤숭숭한 내 마음을 차분하게 만들어 주기도 하고, 반대로 고요하던 마음에 잔잔한 물결을 만들어 주기도 한다. 노을을 바라보고 있자니 살아 있다는 것이 정말 감사하다.

이곳에서는 정부의 장려책 때문에 강에서 낚시를 하는 현지인과 관광객들을 심심찮게 볼 수 있다. 도심 한가운데에서도 전통적인 방법으로 고기를 잡는 사람들을 볼 수 있는데, 특히 연어가 많이 잡힌다고 한다. 연어를 직접 도심 한가운데서 잡을 수 있다니 참 축복받은 도시가 아닐 수 없다.

걷다보니 감라스탄에서 가장 번화한 베스테를롱가탕Vasterlanggatan 거리로 접어들었다. 유명한 아이스크림 가게인 '뮤렌Muren'은 오늘따라 많은 사람들로 붐빈다. 달콤한 초콜릿 가게와 아마추어 갤러리 사이의 기념품 가게에서는 스칸디나비안 바이킹과 아스트리드 린드그렌

Astrid Lindgren, 《말괄량이 삐삐》를 쓴 스웨덴의 동화작가의 삐삐 인형이 나를 반긴다. 그중에서도 특히 손으로 나무를 깎아서 색칠한 말 인형으로, 스웨덴에서 가장 유명한 '달레카를리안 호스The dalecarlian horse' 가 나를 사로잡는다. 수작업으로 만들어진 것이라 너무 비싸 한참을 망설이다 결국 다홍색의 작은 말 3개를 390크루나7만 원라는 거금을 주고 샀다.

시내 구경도 하고, 기념품도 샀으니 이제 먹을 일만 남았다. 스톡홀롬에서만 맛볼 수 있다는 순록 고기가 먹고 싶지만, 값이 만만찮아 밖에서 메뉴를 들여다 보고 있으니 웨이트리스가 밖으로 나와 상냥하게 안으로 안내를 한다. 스웨덴 맥주를 마시며 이탈리아에서 왔다는 옆 테이블의 아저씨와 몇 마디 대화를 나누고 있자니 순록 고기가 내 눈앞에 그 모습을 드러낸다. 고기가 무척 부드럽다. 접시에서 한 점 한 점 사라질 때마다 무척이나 아쉽다. 포크질 한 번에 끝날 양의 고기를 맛있게 먹고 나서 240크로나4만 원를 지불했다. 이럴 때면 엄마가 늘 하시는 말씀이 떠오른다.

"뭐라꼬? 고기 슨나꼼재이사투리로, 조금이라는 뜻 주고 4만 원이라꼬? 그 돈이면 삼겹살이랑 싱싱한 채소 한 보따리 사서 집에서 실컷 묵을 낀데."

날이 점점 어두워지자 거리에는 사람들의 발길이 뜸하다. 한적한 감라스탄 거리에 쓸쓸한 반도네온 소리가 울려 퍼진다. 〈무한도전〉에서 가수 정재형 씨가 좋아했던 땅고 음악에 없어서는 안 될 이 반도네온 연주자가 우리나라에는 한 명뿐이라던데, 유럽에는 길거리 여기저기에 널려 있다. 참 다른 문화를 가졌다는 것이 실감나는 순간이다.

바이킹의 나라, 스칸디나비아의 도시를 만나다 *스톡홀름 스웨덴* 191

이 음악은 역시나 가슴을 후비듯 구슬프고 애잔하다.

　어느덧 다시 세르겔 광장이다. 아직도 밤을 그냥 보내기 아쉬워하는 청춘들이 있고, 그들이 떠난 자리에는 여지없이 술병이 가득하다. 하지만 이탈리아나 스페인에서는 볼 수 없었던 절제와 청결함이 묻어난다.

Thank you for the music the songs I'm singing

Thanks for all the joy they're bringing

Who can live without it I ask in all the honesty what would life be

Without a song or a dance what are we?

So I say thank you for the music for giving it to me.

　호텔로 돌아오는 길에 나도 모르게 영화 〈맘마미아〉에서 나왔던 노래가 입안에서 흘러 나온다. 오늘 하루를 즐겁게 마무리했다는 뜻인가 보다. 생각해 보면 스웨덴은 그렇게 낯설지만은 않은 곳이다. 이 노래를 불렀던 아바나 어린 시절 즐겨 보았던 〈말괄량이 삐삐〉, 실용적이면서도 아름다운 디자인으로 유명한 이케아 역시 스웨덴의 것이니 말이다. 아직도 아바의 노래가 귓가에 맴도는 것만 같다.

라인 폭포와
호반의 도시를 거닐다

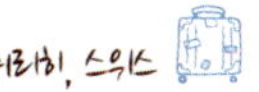

여행을 좋아해 나보다 더 많은 나라를 다녔던 한 지인은 사춘기 시절의 기억들이 고스란히 담겨 있는 샌프란시스코를 제외하면 취리히가 가장 살고 싶은 도시라고 했다. 깨끗하고 평화로운 이곳이 너무 좋다는 그의 의견에 처음에는 별로 동의하지 않았지만, 여행을 하면 할수록, 취리히에 오면 올수록 점점 공감이 간다. 평화로운 호반의 도시로, 스위스 제일의 교통 요지이자 경제 중심지로 오랫동안 번영을 누려온 이 고요한 도시는 시간이 흐를수록 더 매력적으로 다가오는 것 같다.

나는 씨늘한 날씨와 깨끗한 공기가 그리웠고, 맛있는 전통 요리도 맛보고 싶어 오랜만에 취리히행 비행기를 탔다. 비행기는 하얗고 몽글몽글한 몽블랑을 지나 어느덧 스위스 제일의 경제 중심지인 취리히에 도착했다. 햇살이 간간히 비치기는 하지만, 10월 끝자락의 스위스는 겨울이다. 하지만 여전히 호텔 앞 늦가을 단풍은 너무도 눈부시고, 두

뺨을 감싸는 차가운 공기는 기분을 상쾌하게 한다.

　물을 좋아하는 나는 알프스를 보러 가자는 동료들을 뒤로 하고 폭포에 가기로 했다. 중앙역에서 기차로 약 40분 남짓이면 노이하우젠 Neuhausen 역에 도착하는데, 이곳에 유명한 라인 폭포Rhine falls가 있다. 호텔에서 팸플릿을 주며 그곳에 가는 투어가 있으니 참여해 보는게 어떠냐고 추천했지만, 오랜만에 기차도 타보고 싶고 여유롭게 구경을 하고 싶어 정중히 거절한 후 기차역으로 향했다. 비록 짧은 거리지만 오랜만에 기차에 오르니 소풍 가는 초등학생처럼 가슴이 뛴다. 미리 가방에 넣어 두었던 하리보Haribo 젤리까지 꺼내 먹으며 창밖을 보니 기분이 제대로다! 야호! SBB스위스 국철를 타고 바깥 구경을 하는 사이 어느덧 노이하우젠 역이다.

　역에서 나와 강가로 오니 무척이나 춥다. 두툼한 겨울 외투를 챙기길 백 번, 천 번 잘했다는 생각을 하며 옷을 여미고 강을 따라 걷는다. 폭포에 이르는 길 한쪽으로는 유유히 강이 흐르고, 다른 한쪽으로는 추운 날씨에도 아랑곳 않고 활짝 핀 장미꽃 너머로 아늑한 거실이 들여다 보이는 예쁜 집들이 옹기종기 모여 있다.

걷다 보니 어느덧 라인 폭포가 보인다. 라인 폭포는 독일과 스위스 등을 거치는 거대한 라인 강에서 볼 수 있는 유일한 폭포로, 150m의 너비와 23m의 높이를 지닌 유럽에서 가장 큰 폭포다. 약 14,000~17,000년 전에 지금과 같은 모양이 형성되었다고 한다. 빛과 색채의 화가, 윌리엄 터너J.M.W. Turenr는 이 폭포를 여러 점의 그림으로 남겼고, 〈프랑켄슈타인Frankenstein〉의 저자, 메리 셸리Mary Shelly 또한 유럽 여행 중 이곳을 방문해 폭포의 아름다움과 경외심을 글로 남겼다고 한다.

나는 유럽에서 가장 큰 폭포라고 해서 산 중턱이나 바위 사이의 저 높은 곳에서 떨어지는 것으로 내심 기대를 많이 했다. 그런데 '이게 폭포야?' 라고 할 만큼 떨어지는 높이가 낮다. 높이에는 실망했지만, 다시 보니 너비가 상당해 이제껏 봐왔던 폭포들에서 느끼지 못한 관대함과 평온함이 느껴진다. 폭포에 이르는 길에는 알록달록 물든 나무들이 열병식을 하고 있다. 나뭇잎이 너무 예뻐서 걷다 보니 기분까지 좋아진다.

역시나 걸으면 배꼽시계가 여지없이 울어댄다. 배가 출출해 편의점에서 코코아와 크로와상을 산 후, 추운 날씨지만 야외에 있는 난로 옆에 앉았나. 그런데 이런. 앉자마자 그만 크루와상을 땅에 떨어뜨렸다.

'아휴, 모래가 묻었으면 어떻게 하지?'

높은 물가를 자랑하는 스위스에서 빵을 다시 사기도 그렇고, 주변에 본 사람도 없는 것 같아 서둘러 빵을 주워 모래를 털어낸다. 다행히 깨끗한 것 같다. 안심을 하고 한 입 베어 문 순간. 바로 옆 테이블의 꼬맹이와 눈이 마주쳤다. '나는 방금 네가 한 모든 일을 알고 있다!' 라

는 듯 꼬맹이가 유심히 나를 바라본다.

'이걸 먹어 말어. 먹으면 나를 불쌍하고 돈 없는 사람으로 생각할 것 같고, 이 아까운 것을 버릴 수도 없고……. 에라 모르겠다.'

나는 아이에게 싱긋 미소를 지어 보이고는 입 안에 크로와상을 탈탈 털어 넣었다. 꼬맹이가 나를 어떻게 생각할지는 뒷전이다. 그러고는 따뜻한 코코아를 마시며 눈앞에 펼쳐진 라인 폭포를 유유히 감상한다. 달콤한 휴식이란 이런 것이다. 주변의 간섭없이 나를 편안히 놓아버리는 것. 그 이상으로 최고의 휴식이 세상 어디에 있겠는가.

메리 셸리는 휴식차 들른 이곳에서 폭포를 보고 다음과 같은 글을 남겼다.

A portion of the cataract arches over the lowest platform, and the spray fell thickly on us, as standing on it and looking up, we saw wave, and rock, and cloud, and the clear heavens through its glittering ever-moving veil. This was a new sight, exceeding anything I had ever before seen; however, not to be wet through, I was obliged quickly to tear myself away.

가장 낮은 지대 위로 큰 폭포의 일부가 아치형으로 구부러지고, 물보라가 짙게 우리에게 떨어졌다. 그 위에 서서 올려다 볼 때, 반짝이며 움직이는 베일 너머로 우리는 물결, 바위와 구름, 그리고 선명한 천국을 보았다. 그것은 내가 이제껏 보아온 것들을 뛰어넘는 새로운 광경이었다. 그러나 나는 젖기 않기 위해 급히 가야만 했다.

폭포를 구경한 후 다시 시내로 돌아와 취리히를 가로지르는 리마트 강을 따라 걷는다. 스위스가 추구하는 평화와 행복이라는 단어가 자연스레 머릿속을 스쳐 지나간다. 두 번의 세계대전에서 중립국을 선언했던 스위스. 평화를 선택함으로써 그들은 전쟁을 피할 수 있었고, 국가의 운명을 지켜낼 수 있었다.

세계에서 가장 살기 좋은 도시 중 하나인 이 호반의 도시, 취리히를 걷는다는 것은 생의 축복이다. 유유히 떠다니는 유람선, 아름다운 연인들과 가족들의 여유로움에서 행복이 묻어나는 것만 같다. 나는 가끔 취리히가 너무 따분하고 재미없다는 스위스 사람을 만날 때면 그들의 행복에 겨운 투정에 오히려 부럽다는 생각까지 든다.

골목길로 들어가 종교 개혁가 츠빙글리가 설교를 했던 대성당도 보고, 스테인드글라스로 유명한 샤갈의 성모 대성당도 사진에 담는다. 마치 영화나 드라마 세트처럼 골목 하나하나 예쁘지 않은 곳이 없다. 여기에 더해 취리히 연방공과대학까지 연결되는 폴리반_{Polybahn,} _{스위스의 산악열차}은 도시의 볼거리를 더욱 풍성하게 한다. 이 빨간색 트램의 이용자는 대부분이 대학생들이지만, 이렇게 작고 아담한 열차가 관광객들에게도 소소한 재미를 준다는 생각에 타보기로 했다.

그러나 폴리반에 오르려던 찰나 문이 닫혀버린다. 내가 허탈한 듯 배시시 웃자 문쪽에 앉은 남학생도 같이 웃는다. 나는 한술 더 떠서 영화 〈ET〉에서처럼 손가락 하나를 창문에 지그시 댄다. 그러자 그 남학생도 손가락 하나를 내 손가락 끝에 댄다. 우리는 창문을 사이에 두고 크게 웃는다. 이게 무슨 짓이람!

폴리반을 타고 3분가량 가니 취리히 연방공과대학이다. 이 대학에서 배출한 노벨상 수상자만도 25명이라고 하니 그 위상이 대단하다. 대학 안으로 들어가 굳게 문이 잠긴 강의실 밖을 서성이며 교육의 힘과 나의 대학 시절을 떠올려 본다. 대학교 앞에서 바라보는 취리히의 야경은 성당의 첨탑들로 너무나 아름답다.

하이디의 나라, 스위스에서 가장 유명한 음식은 치즈로 만든 퐁듀다. 겨울에는 딱히 먹을 것이 없던 산악 지형의 특성상 백포도주에 에멘탈이나 그뤼에르 치즈를 넣고 법랑 냄비에 끓인 후 마르고 푸석한 빵을 긴 꼬챙이에 꽂아서 찍어 먹은 데서 퐁듀의 역사는 시작되었다. 치즈를 별로 좋아하지 않지만, 오늘은 이상하게도 깊은 맛의 치즈와

와인이 생각나 레스토랑으로 들어갔다.

실내에서 느껴지는 따뜻한 분위기와 동화같은 입구의 그림들에 이끌려 들어왔는데, 제법 유명한 모양인지 많은 사람들이 관광 책자를 보면서 레스토랑으로 들어온다. 예약을 하지 않은 탓에 자리가 없다며 웨이터가 잠깐 기다리란다. 그러고는 예약한 사람이 20분이 지났는데도 오지 않는다며, 10분만 더 기다리면 자리가 날 것 같다고 덧붙인다. 스위스에서는 예약자를 위해 30분을 기다리는 것은 에티켓이란다.

예약자가 끝내 오지 않아 결국 그 자리는 내 차지가 됐다. 스위스에 왔으니 퐁듀를 주문해 볼까도 생각했지만, 텁텁한 빵을 치즈에 찍어 먹는 게 느끼할 것 같아서 하클레트Raclette, 치즈 요리의 일종로 결정한 후 웨이터를 불렀다. 그런데 한국말로 "주문하세요."라고 말하는 웨이터. 놀랍다. 몇몇 한국어 발음이 너무 자연스러워 한국인 여자친구라도 있느냐고 물었더니 희망사항이란다. 한국 손님들이 많이 와서 자연스레 단어와 문장 몇 개를 외웠단다. 스위스에서 새삼스레 우리나라의 국력을 느끼게 된다.

친절한 그의 도움으로 주문을 한 후 조금 있으니 큰 접시에는 치즈와 버섯, 토마토, 피클, 복숭아 등이, 큰 자루에는 삶은 감자가 함께 나온다. 녹인 치즈를 감자에 얹고, 각종 재료들을 함께 올려서 먹으니 생각보다 느끼하지 않아 손이 많이 간다. 느끼할 때면 웨이터가 가져다 준 곱게 빻은 고추가루를 뿌려 먹으니 더욱 맛깔스럽다. 여기에 와인까지 마셨더니 온몸이 사르륵 녹는 것 같다.

음식을 맛있게 먹고 밖으로 나오니 벌써 깊은 밤이다. 사람들의 발길이 뜸해진 길을 홀로 걷는다. 이곳 사람들은 깨끗한 리마트 강, 아름다운 취리히 호수, 장엄한 라인 폭포까지 있으니 답답할 일이 별로 없을 것 같다. 언제든지 물가로 가서 답답한 마음을 풀면 되니까.

문득 고개를 들어보니 세계적으로 유명한 수제 초콜릿, 린트Lindt의 간판이 보인다. 스위스의 명품 초콜릿 린트만큼이나, 이렇게 평화롭고 살기 좋은 나라에 사는 사람들의 삶은 달콤할 것만 같다. 붉은색 바탕에 흰색 십자가가 그려진 스위스 국기가 밤 하늘에 펄럭인다. 그 십자가를 보며 기원해 본다. 모두가 평안하기를. 모든 것이 평화롭기를.

나를 키워준 멜버른,
넌 감동이었어

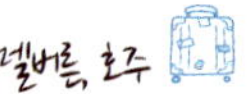

4년 만에 다시 멜버른행 비행기에 오르자 가슴이 벅차 오른다. 20대 때 가장 열정적이었고, 가장 용감했던 호주에서의 1년이 머릿속에 떠올랐다.

2005년 12월, 어느 무더운 날. 나는 브리즈번에 도착하자마자 퀸즐랜드 주의 어느 시골로 들어가 안톤 씨 부부네 식구들과 숙식을 하며 지내게 되었다. 그러나 얼마 지나지 않아 이곳에서 우프Wwoof, World Wide Opportunities on Orgarnic Farms를 접고 어학 연수비를 마련하기 위해 밤새도록 버스를 타고 빅토리아 주로 이동했다. 캠핑카에서 생활하며 토마토 팩킹 공장에서 일했던 그때가 내게는 가장 여유로우면서도 즐거운 시기였다.

그리고 마침내 멜버른으로 온 나는 어학 연수를 위해 랭귀지 스쿨에 등록했다. 하지만 동양인 일색인 분위기와 학교 시스템에 만족하

지 못한 나는 현지 사람들과 일하고 싶다는 생각에 매일 수십 장의 이력서를 들고 높은 빌딩들이 즐비한 콜린스 가_{Collins St.}를 한 달여 동안 헤맸다. 그리고 결국 나는 집에서 조금 떨어진 곳에 위치한 회사에 일자리를 구해 매일 아침 자전거 페달을 힘차게 밟을 수 있었다. 출근할 때마다 가장 좋아했던 비틀즈의 'We can work it out'을 MP3로 들으며 '그래, 나도 잘 할 수 있어!' 라고 다짐했던 그때. 매일 아침 자전거에 몸을 싣던 순간이 얼마나 행복했던가.

그 후 나는 시간날 때마다 지역 커뮤니티 센터에서 자원봉사도 하고, 타즈메니아에서는 환경보존 활동에도 참여했다. 많은 곳을 보고 싶고, 많은 것을 하고 싶어 1년간 타즈메니아부터 케언즈까지 곳곳을 여행하면서 요트 타기에서부터 스카이 다이빙까지 안해 본 게 없었다. 그 어느 때보다도 열심히 1년을 보냈고, 치열하게 살았으며, 많이 즐겼고, 많은 인연을 맺었던 때가 아닌가 싶다.

여권과 항공권, 100만 원을 들고 호주로 떠날 때, 한국 친구들은 내게 여유롭게 즐기다가 한 달 후에 귀국하라는 농담을 던졌다. 하지만 결국 나는 나갈 때 목표했던 것들을 이루고 1년 만에 귀국했다. 내 덩치만한 배낭을 메고 새까맣게 탄 모습을 본 큰 오빠는 그때 내게서 뭔가 모를 에너지와 아우라를 느꼈다고 한다.

그래서일까? 젊은 나를 성장시켜준 호주는 제2의 고향과도 같다. 그곳에 4년 만에 다시 오니 정말 감격스럽다.

하지만 도하에서 멜버른으로 가는 길은 멀고도 험했다. 14시간 동안 터뷸런스_{난기류}가 끊이질 않았다. 멜버른으로 가는 길이 죽음으로 가는 길이 아닌가 싶을 만큼 심한 터뷸런스가 멈추자, 드디어 나는 멜버른 공항에 도착했다. 장시간 비행으로 승객도 승무원도 다들 녹초가 되었지만, 나는 왈칵 흐르는 눈물을 주체할 수가 없었다.

그러자 동료가 내게 어디가 아프냐고 물었다. 너무 감격스럽고 행복해서 우는 나를 이 친구가 어떻게 공감할 수 있겠는가.

'안녕 멜버른! 너무 오랜만이지?'

새벽 12시, 콜린스 가에 위치한 고전적이면서도 웅장한 호텔에 도착해 짐을 풀었다. 일자리를 찾아 헤맸던 젊은 날, 나는 이 거리를 얼마나 들쑤시고 다녔던가. 친절한 호텔 매니저의 오랜만에 들어보는 오지Aussie, 호주인 영어가 무척 친근하다. 시간도 늦었고, 긴 비행으로

피곤해서 잠을 자겠다는 크루_{승무원}들을 뒤로 하고 혼자서 호텔 밖으로 나왔다. 왜? 오늘은 특별하니까!

야라 강이 보고 싶어 옷을 여미고 그곳을 향해 걷는다. 예전에는 이곳, 콜린스 거리를 낮에만 와서 몰랐는데 지금 보니 주변에 클럽이 줄지어 있다. 금요일 밤이어서 그런지 거리는 미니 스커트에 민소매 셔츠를 입은 젊은 친구들로 북적이고, 클럽 불빛들이 밤거리를 밝히고 있다. 날씨가 추워 스웨터를 입고 나간 내가 할머니처럼 느껴지는 순간이다. 하긴 젊은 날의 나와 지금의 나는 많이 다르겠지. 오랜만에 보니 젊은 친구들의 자유분방하고 편한 옷차림과 활달한 웃음이 너무 좋다.

세계적으로 유명한 것은 아니지만, 나는 멜버른의 야경이 참 좋다. 내가 강을 좋아해서이기도 하지만, 유럽풍의 노란색인 플린더스Flinders 기차역과 불을 밝힌 최신식 크라운 플라자를 배경으로 펼쳐지는 야경은 정말 아름답다. 게다가 강가에는 잔디밭도 있고, 여러 가지 조형물도 많아 데이트를 하거나 산책을 하거나 사진을 찍기에도 그만이다.

오랜만에 느껴보는 늦여름 밤의 강바람은 서늘하지만 상쾌하다. 새벽 1시인데도 불을 밝힌 문화 · 레저 복합건물은 여전히 사람들로 북적인다. 크라운 카지노를 둘러싼 커다란 쇼핑몰 안의 각종 브랜드 샵과 저렴하면서도 맛있는 음식을 즐길 수 있는 푸드 코트, 따뜻한 커피와 와인 한 잔이 생각나는 노천 카페가 늦은 시간까지 사람들의 발길을 붙들고 있다.

7년 전 나는 늘 그랬듯 좋아하는 호주 브랜드 매장에 들러 수영복을 둘러보고, 호주에서만 볼 수 있는 긴 스시를 통째로 들고 몇 개나 먹었는지 모른다. 저렴한 피쉬 앤 칩스를 맛볼 수도 있고, 드레스 한 벌 값이라도 따보려고 늘 들렀던 카지노는 이번에 들리지 않기로 했다. 호주 친구들에게 전화를 해보았더니 다들 휴가철을 맞아 멜버른을 떠나 있다. 조금은 외롭지만, 행복한 밤이다.

매년 영국의 리서치 회사인 이코노미스트 인텔리젼트 유닛EIU은 '세계에서 가장 살기 좋은 도시 Top10'을 선정한다. 1990년 후반부터 이 목록에서 빠진 적이 없는 멜버른은, 2011년에는 97.5점으로 당당히 1위에 올랐다. 특히 호주는 전 세계 140개의 도시 중 시드니, 퍼스, 애들레이드 등 4개의 도시를 Top10에 올리는 저력을 보였다. 참고로 서울은 58위였다. 이 리서치 회사는 의료, 교통, 교육, 치안, 문화, 환경 등 모든 부분에서 멜버른을 가장 안정적인 도시로 평가했다.

그것이 정말이냐고 묻는 이들이 있을지도 모르겠다. 하지만 1년간의 경험으로 미루어 보았을 때 맞다고 단정할 수 있다. 멜버른은 여러 문화가 조화를 이루고 있는 곳으로, 유럽의 실용적이면서도 여유로운 문화와 미국의 빠르고 편리한 문화가 공존한다. 이것은 유럽풍의 고풍스러운 건물과 뉴욕풍의 초고층 빌딩이 조화를 이루고 있는 것만 봐도 알 수 있다. 또한 중국, 인도, 한국 등의 아시아 문화와 유태인, 무슬림 등의 문화가 서로 교류하면서 멜버른을 더욱 풍성하게 한다.

이튿날, 울창한 푸른 나무와 파란 하늘 아래서 깨끗한 거리를 걸으며 사람들도 구경하고 싶어 기분 좋게 길을 나섰다. 호주에서 가장 큰 은행, ANZAustalia New Zealand bank가 보인다. 성당이나 관청처럼 보이는 탓에, 처음 봤을 때는 왠지 모를 부담감에 잘 들어가지 못 했던 기억이 난다.

엘리자베스 가Elizabeth St. 끝에 멜버른의 상징인 노란색의 플린더스 기차역이 보인다. 기차가 보편적인 유럽과는 달리 호주 여행에서 최고의 교통 수단은 버스다. 귀여운 멜빵 반바지에 흰색 양말을 무릎까지 올려 신은 기사 아저씨의 능숙한 운전으로 몇 차례 휴게소에 들러 주전부리를 사서 먹을라치면 어느새 다른 도시, 다른 주에 와 있다. 버스 여행에 재미를 붙인 나는 호주에서 기차를 탄 적이 거의 없었지만, 야라 강과 야경을 보기 위해 늘 이곳을 지나치곤 했다.

가장 번화한 곳이자 관광객들이 제일 많은 스완스톤 가Swanston St. 입구에는 오페라 극장이, 저 끝에는 세일트 폴 성당이 보인다. 성당 안은 샹들리에가 없어서 화려하지는 않지만, 색색의 셀로판 스테인리스 창문들과 미사가 진행되는 예수님을 모신 곳은 금색으로 단장되어 단조로움을 덜어준다.

성당을 나오니 예배를 알리는 종이 울린다. 경쾌한 종소리 너머로 맞은편에 페더레이션 스퀘어Federation square가 보인다. 이곳은 월드컵 응원과 각종 전시회를 보기 위해 많은 사람들이 들르는 곳으로, 친구들과의 약속 장소로도 좋고, 사람을 구경하기에도 이만한 곳이 없다.

짙푸른 녹음 아래 마차가 스완스톤 가를 더욱 이국적으로 느끼게 한다. 오랜만에 기념품 가게를 들른 후 길가에서 그림을 그리는 친구들을 한참이나 구경하다가, 문득 멜버른의 백팩커Backpacker. 배낭여행에

VICTORIA
'TIL YOU DROP
SHOPPING
FREE EXHIBITION
'TIL YOU DROP
SHOPPING
FREE EXHIBITION

서 만났던 일본인 친구가 생각났다.

그는 치렁치렁한 머리에, 바지를 엉덩이 끝까지 아슬아슬하게 걸쳐 입고는 스케이트보드를 타거나 길바닥에 그림을 그리며 생활했다. 그를 보고 처음으로 나는 단정하고 규칙적인 생활만 할 것 같은 일본인들도 한없이 자유롭고 히피스러울 수 있다는 것을 알았다.

한 음식점 앞에 차례로 놓인 맥주병이 시선을 사로잡는다. 호주는 주마다 마시는 맥주가 다르다. 그만큼 종류도 많고, 맛도 다르다. VB는 빅토리아 주의 맥주로 맛이 많이 쓴 편이고, Cascade는 타즈메니아 주의 맥주로 맛이 순한 편이다. Tooheys new는 수도 주에서, Swan과 Emu draft는 서호주에서 인기가 많다. 그러나 뭐니 뭐니 해도 가장 유명한 맥주는 퀸즐랜드 주의 XXXX포엑스가 아닐까 싶다. 몇 시간 뒤에 비행이 있어 맥주를 마실 순 없지만, 활기찬 거리를 걸으니 예전에 다양한 맥주를 번갈아 가며 풍부한 맛과 향을 음미했던 기억이 새록새록 되살아난다.

드디어 내가 멜버른에서 가장 좋아하는 곳이다. 스완스톤 가 끝자락에 있는 빅토리아 주립 도서관은 마지막 졸업 에세이 작성을 위해 자주 들렀던 곳이다. 도서관 앞 잔디밭에 앉아 책을 읽고 사람들을 구경하고 있자니 시름이 모두 날아가는 것 같다.

도서관 건너편으로는 패션과 디자인으로 유명한 RMIT 대학이 보인다. 멜버른에 머무는 동안 룸메이트였던 도나를 그 대학교의 게시판에서 찾았으니 그곳 역시 추억의 장소다. 도시 곳곳에 대학 극장, 캠퍼스 등이 있고, 학교 안의 도서관은 그곳 학생이 아니어도 이용이 가능하다. 예전에 공부를 하다가 친구들과 학교 앞에서 3달러에 커피를 마시며 카페에서 이야기를 나눈 기억이 떠올라 괜시리 얼굴에 미소가 번진다.

즐겨 찾던 도서관 앞의 일식집에 들어가 늘 먹던 데리야끼 소스 치킨 덮밥과 아이스티를 먹고 방향을 틀어 부르크 가Bourke St.로 향했다. 부르크 가에는 Myer, David Jones 등의 백화점이 있어 쇼핑하기에는 그만이다. 멜버른에 처음 오면 큰 거리, 예를 들어 스완스톤 가를 따라 구경하기 십상인데, 조금만 지나면 골목골목의 매력에 빠져들게 된다. 그래피티로 가득한 골목들 사이로 곳곳에 명품샵도 있고, 느긋하게 즐길 수 있는 와플과 커피 거리도 있고, 언더그라운드에서 활동하는 예술가들의 갤러리도 있기 때문이다.

문득 길거리의 에보리지널 아트Aboriginal Art에 둘러싸인 ATM을 골똘히 쳐다본다. 참 호주스럽다. 멜버른으로 비행을 갔다 온 많은 동료들은 대개 기대치에 비해 구경할 것도 별로 없고, 물가도 비싼 그저 그런 도시라고들 말을 한다. 처음 가면 물론 그럴 수도 있다. 시드니처럼 유명한 건물이 있는 것도 아니고, 케언즈처럼 해양 스포츠를 즐길 수 있는 것도 아니며, 더욱이 체류 시간이 짧아 별로 할 게 없는 경우엔 더욱 그렇다.

하지만 난 멜버른이 좋다. 시내 곳곳에서 전 세계의 다양하고 맛있는 음식도 먹을 수 있을 뿐만 아니라 호주산 맥주나 와인도 저렴하게 즐길 수 있기 때문이다. 또한 근교에는 단데농 산도 있고, 세인트 킬다 해변도 있으며, 세계에서 가장 긴 해안 도로인 그레이트 오션 로드Great Ocean Road도 있다.

그리고 무엇보다도 난 오지들이 좋다. 물론 사람마다 다르겠지만, 거만하고 불친절하며 땅덩이는 좁고 물가는 비싸 쫌생이 같은 유럽인들에 비하면, 자연을 사랑하고 삶의 여유를 즐길 줄 아는 호주인들은 쿨하다. 언제든지 물가로 나가 놀 준비가 된 이들, 그래서 늘 비치 팬츠에 슬리퍼를 신고 맥주 한 캔을 들고 다니는 그들, 얼굴에 생기는 주근깨를 생각하지 않고 일주일 내내 바다에서 살라면 살 그들. "Cheers!"라는 한마디로 친구가 되는 그들. 난 이런 오지들이 좋다.

짧은 체류를 마치고 다시 노하행 비행기에 오르지만, 마음은 아직도 야라 강변에 있나 보다. 문득 과거에 직장 동료이자 내가 엄마라고 불렀던 낸시 아줌마의 말이 기억난다. 일을 정리하고 몇 달간 여행을 한 후 한국으로 돌아가겠다던 내게 그녀는 이렇게 말했다.

"한국처럼 위험한 곳에 왜 가니, 그냥 살기 좋은 이곳에서 나랑 영원히 함께 살자."

아마 그녀도 이미 알고 있었는가 보다. 멜비른이 세계에서 가장 살기 좋은 도시라는 것을. 하지만 북한의 대포동 미사일 때문에 위험할지라도 한국에는 나의 가족들이 있다. 아무리 살기 좋은 곳일지언정 가족들이 있는 곳보다 살기 좋은 곳은 없다.

하지만 오랜만에 다시 본 멜버른, 넌 정말 감동이었어. 내 젊은 날의 기억들을 다시금 떠올릴 수 있게 해줘서.

유럽 최남단에서
구슬픈 파디에 젖다

두바이 국제공항 상공으로 육중한 비행기가 깃털처럼 가뿐히 날아오른다. 나는 기내의 영화 목록에서 〈건축학 개론〉을 선택했다. 헤드셋을 통해 전람회의 '기억의 습작'이 귓속으로 흘러 들어온다. 40만 피트 상공에 300여 명의 승객이 있지만, 그 누구도 보이지 않고, 그 누구의 목소리도 들리지 않는다. 나는 노래에 옛 추억들을 떠올리며 포르투갈 여행을 준비하고 있다.

나는 비행기에서 내려 입국 수속을 밟기 위한 입국 심사대Immigration Counter까지 색색의 아줄레쥬Azulejo, 타일를 보고 나서야 포르투갈이 타일로 유명한 나라임을 눈치챘다. 그리고 더디게 진행되는 입국 수속의 긴 줄에 서서 단체로 여행을 온 한국 관광객들과 눈인사도 나누었다.

6월말, 섭씨 35도를 웃도는 무더위를 예상했던 리스본은 최고 온도 28도를 나타내고 있다. 땀을 많이 흘리는 나는 그야말로 안심이다.

수많은 관광객들과 함께 시내로 가는 버스에 올랐다. 3.5유로짜리 티켓으로 리스본 중심지로 이동할 수 있는데다 그날 하룻동안 이용할 수 있는 버스가 모두 무료란다. 저렴하다는 물가가 피부로 느껴지는 순간이다.

유럽 서남부의 맨 끝에 위치한, 유럽에서도 못 사는 축에 끼는 나라, 하지만 물가가 저렴하고 해산물이 풍부한 나라, 축구를 미친듯이 좋아하는 나라라는 것 정도가 내가 포르투갈에 대해 가지고 있는 이미지였다. 어떤 볼거리가 있는지, 문화나 사회는 어떤지 관심이 없었기에 사실 큰 기대도 하지 않았다. 그러나 버스에서 내려 중심지 중의 중심지라고 할 수 있는 로시우 광장에서 아름다운 분수와 활기찬 사람들의 움직임을 보자, 가슴이 두근거리기 시작한다.

포르투갈의 아름답고 깨끗한 호텔과 호스텔은 세계적으로도 유명하다. 혼자 나선 이번 여행에서 나는 편리하게 묵을 숙소를 찾다가 리스본 라운지 호스텔을 발견했다. 이 호스텔은 유럽의 Top10 호스텔, 세계 최고의 호스텔 명단에 매년 이름을 올리고 있다. 명성이 자자한 호스텔에서 묵는 것도 리스본에서 할 일 중 하나라는 생각에 1초의 망설임도 없이 나는 예약 버튼을 눌렀다.

지금 나는 로시우 광장을 지나 골목 사이사이에 레스토랑과 기념품 가게가 즐비한 바이샤 지구에 위치한 리스본 라운지 호스텔로 향하고 있다. 거리 곳곳에서 예술가들의 화려한 쇼를 넋이 나간 사람처럼 구경하며 걷다 보니 어느새 내가 머물 보금자리에 도착했다. 개성이 강한 벽화와 깔끔한 인테리어, 다양한 서비스 프로그램, 친절한 직원까지 어느 것 하나 마음에 들지 않는 것이 없다. 매년 최고의 호스텔로 지정되는 이유를 알 것 같다.

다소 긴 비행 시간에도 불구하고 처음 접한 리스본이 어떤 곳인지 궁금해, 나는 늦은 오후 호텔을 나와 떼주 강Rio Tejo으로 향했다. 시원한 강에 접한 넓은 꼬메르시우 광장이 햇살을 받으며 따뜻하게 나를 맞는다. 수많은 관광객들이 강바람에 더위를 식히며 샌프란시스코의 금문교와 무척이나 닮은 4월 25일 다리와 브라질 리오의 예수상을 모방한 그리스토 레이Christo-Rei를 바라보고 있다. 약 500년 전 바스코 다 가마Vasco da Gama, 포르투갈의 탐험가의 인도 항해가 시작된 강변 한쪽에 앉아 나도 불어오는 해풍에 자유로이 몸을 맡겨본다.

그 순간, 내가 이제껏 생각했던 포르투갈, 즉 유로존의 심각한 경제 위기와 맞물린 높은 실업률, 그에 따른 우울한 사회 분위기, 소매치기가 많은 위험한 나라라는 나의 편견이 무지에서 비롯된 것임을 깨달았다. 많은 관광객들의 발길이 끊이지 않고, 거지와 소매치기도 찾아보기 힘들며, 건강한 웃음을 지닌 현지인들에게서 포르투갈은 그리스, 스페인, 이탈리아보다도 열심히 경제 위기를 극복하려 애쓰고 있고, 이베리아 반도 끝에서 묵묵히 담금질을 하고 있음을 알 수 있었다.

여행을 다녀와서 찍은 사진들을 보고 내게 친구들이 묻곤 한다.

"혼자 여행갔다면서 도대체 독사진은 누가 이렇게 멋있게 찍어주는 거야?"

타이머를 설정해 둔 카메라를 벤치나 나무, 심지어 쓰레기통 위에 올려놓고 재빠르게 움직여 포즈를 취하는 나를 재밌게 구경하던 한 여성이 말을 건넨다. 부모님과 함께 여행 중이라는 로라, 이웃 나라 스페인에서 온 미녀다. 그녀의 부모님이 잠깐 화장실에 간 사이 우리 둘은 자연스레 대화를 나누고, 옆에 앉아 있던 또 다른 여성도 시나브로 우리의 대화에 끼어든다. 러시아에서 혼자 여행왔다는 씩씩해 보이는 아나스타샤와, 잘 놀게 생긴 모습과는 달리 의대를 다니는 로라와 대화가 무르익을 때쯤 마침내 우리는 저녁에 보기로 도원결의를 했다.

"우리 오늘 저녁에 다시 만나자. 8시, 로시우 광장, 오케이?"

뭔가 즐거운 일이 생길 것만 같다.

리스본은 7개의 언덕으로 이루어져 있는데, 그중 대성당과 상 조르제 성이 위치한 알파마 지구로 향하는 오르막길은 노란색과 빨간색의 트램이 바쁘게 지나가며 한 폭의 그림을 연출한다.

알파마 지구는 1755년 대지진의 영향을 받지 않아 리스본의 옛 모습을 고스란히 간직하고 있다.

리스본의 볼거리에서 꼭 빠지지 않는 알파마 지구 초입에 위치한 대성당을 지나니 좁은 골목의 낡은 집들 사이에서 빨래들이 바람에 나부낀다. 그리고 곳곳마다 펼쳐지는 화려한 아줄레주. 카메라에 담으면 바로 그림이 된다. 골목마다 예쁜 곳이 많아 가다 서다를 반복하니 시간이 어찌나 빨리 가는지 모르겠다.

마침내 도착한 상 조르제 성Castelo Sao Jorge. 거기에 올라 리스본을 굽어본다. 저녁의 이 붉은빛은 리스본을 떠올리면 아른거릴 정도로 아름답다.

시계를 보니 어느덧 약속한 8시가 되어 간다. 걸음이 빨라진다. 로시우 광장에 그녀들이 곧 나타나리라. 그리고 우리는 맛있게 저녁을 먹고, 술잔을 기울이며 불타는 밤을 보내리라. 즐거운 상상에 다시 시계를 보니 8시 10분이다. 혹시나 서로 다른 곳에서 기다리나 싶어 광장을 돌아본다. 한 바퀴, 두 바퀴, 세 바퀴……. 8시 45분인데도 그녀들이 나타나지 않는다. 분명 우리는 통했고, 함께 즐길 준비가 되었다고 확신했기에 이 상황을 믿을 수가 없다. 혹시나 무슨 일이 생긴 건 아닌지. 왜 전화번호를 교환하지 않았을까 뒤늦은 후회가 밀려온다. 고요한 광장에서 나는 9시 정각에 발길을 돌렸다.

'그래, 어차피 혼자 나선 여행이니 혼자 즐거운 밤을 보내리라!'

나는 다시 레스토랑과 바가 밀집한 알파마 지구로 향했다. 고민 끝에 많은 레스토랑 중 좁지만 고급스러우면서도 동시에 파두Fado. 포르투갈의 블루스 공연까지 볼 수 있는 곳을 골라 자리를 잡았다. 그러고 나서 포르투갈에 왔다면 꼭 먹어봐야 하는 바깔라우Bacalao. 대구 요리와 버찌 열매로 만든 진자Jinja. 포르투갈 전통주와 포트 와인Port Wine을 주문했다.

바깔라우는 조리법만 해도 수십 가지가 넘는데, 이 레스토랑에서는 튀겨서 올리브 기름으로 마무리를 했고, 진자는 달짝지근하니 입에 착 달라붙는다. 디저트 와인으로 유명한 포트 와인은 발효 중인 와인에 브랜디를 첨가해 난맛을 배가한 와인으로, 포르투갈의 포르투Porto에서만 생산된다고 하니 어찌 시음을 하지 않고 넘어갈 수 있겠는가.

레스토랑 한쪽 모퉁이의 작은 무대에 남자 파디스타Fadista. 파디를 부르는 가수가 기타를 메고 의자에 앉아 있다. 운명이라는 뜻의 포르투갈 전통 민요인, 파두 공연이 시작되자 구슬픈 노래가 그의 입에서 흘러나온다. 기타 선율과 남성의 짙은 목소리가 하나가 되자 레스토랑은 순식간에 애잔한 슬픔에 삼긴다. 남부 유럽인의 기질이라고 여겨지는 쾌활하고 정열적인 모습 뒤로 그들의 슬픔을 이렇게 섬세하고 구슬픈 노래로 담아내다니. 어쩌면 모든 것은 양면성을 가지고 있는지도 모르겠다. 보이는 것이 전부가 아닐 수도 있다. 슬픈 노래 사이로 사람들은 담소를 하며 저녁을 즐기고 있다.

맛있는 저녁도 먹고, 계획했던 공연도 봤지만 왠지 모를 허전함에 터벅터벅 호스텔로 향한다. 여전히 아나스타샤와 로라를 생각하며 프론트에 들어서자 직원이 격앙된 목소리로 나를 반긴다.

"왜 이렇게 늦게 왔어요? 친구들이 기다리다가 쪽지를 남기고 갔어요."

사연은 이랬다. 길을 잘 모르는 그녀들이 로시우 광장에 늦게 나타났고, 내가 없다는 걸 알고는 혹시나 해서 호스텔로 왔단다. 그리고 호스텔에서 한참을 기다리다 쪽지를 남기고 간 것이다. 쪽지에는 미안하다는 말과 함께 그녀들의 전화번호와 이메일 주소가 적혀 있었다. 그럼 그렇지, 우린 분명히 통했다고!

스페인 국가번호를 누르고 전화번호를 누르니 신호음이 크게 울린다. 다른 피부를 가지고, 다른 언어를 사용하지만 이심전심은 그것을 넘어서는 힘을 가졌다. 하기사 진심은 언제, 어느 곳, 누구에게나 통하는 법이다. 여행은 그것을 체득하는 뜻 깊은 여정이다.

위대한 종합예술의 결정판,
태양의 서커스

약간 검은빛의 얼굴, 이마에 두른 화려한 띠, 검은 머리에 꽂은 새의 깃털, 동물의 가죽으로 만들어진 옷과 신발. 친한 동생이 캐나다에서 샀다며 이렇게 생긴 인디안 인형을 선물로 건넸다. 캐나다라면 금발의 백인들만 있으리라 생각했던 내게 그 인형은 뜻밖이었다. 캐나다라면 메이플단풍나무로 만든 시럽과 그 시럽이 들어간 차나 쿠키 정도가 유명하다고 생각했던 나는 몬트리올행 비행기에 오르기 전에 탁자 위의 그 인형을 다시 한 번 바라보았다.

도하에서 출발한 비행기는 13시간이나 지나서야 퀘백 주에 위치한 몬트리올에 도착했다. 몬트리올이라는 이름이 낯설지 않다. 내가 이 도시에 대해 아는 것이 별로 없는데도 친근하게 느껴지는 것은 1976년 몬트리올 올림픽 때문이다. 내가 태어나기도 전에 열린 올림픽인데도 교과서에 실려 있어 기억에 어렴풋이 남아 있다.

호텔에 도착하니 10달러짜리 아침 식사로 오렌지 주스와 커피, 토스트 2개와 버터, 땅콩잼, 딸기잼이 나왔다. 게다가 두 개의 계란 프라이와 두 개의 잘 구워진 소시지와 감자, 과일이 큰 접시에 담겨 나왔다. 보는 것만으로도 배가 부르다.

맛있게 아침을 먹으며 아메리카와 유럽의 아침 식사에 대해 잠깐 생각을 해봤다. 뷔페가 주류를 이루는 유럽의 호텔에서는 대개 신선한 채소와 과일, 갓 구워 낸 와플과 팬 케이크를 조금씩 접시에 담아 느긋하게 먹는다. 반면 아메리카에서는 이곳처럼 굽거나 튀긴 음식들을 한 접시에 한꺼번에 내놓는다. 식사를 하는 사람들도 자유롭고 편안한 느낌이 묻어난다.

식사를 마친 후, 큰 지도를 펼쳐 놓고 오늘 움직일 동선을 머릿속에 그려본다. 영어만 쓸 것 같지만, 또 다른 공용어인 불어가 지도에 가득하다. 셔츠 목덜미에 걸쳐 두었던 선글라스를 다시 꺼내 쓰고 몬트리올에서는 좀처럼 만나기 쉽지 않은 눈부신 햇살 아래로 빨려들 듯 걸어간다.

처음 접한 몬트리올은 미국의 뉴욕처럼 화려하다는 느낌은 별로 들지 않는다. 그 대신 자연 보존과 도시 개발이 적절히 잘 조합되었다는 생각이 든다. 오래된 건물들과 새로운 건물들이 서로에게 의지하듯 조화를 이루고 있고, 그 사이사이로는 청록색의 나무가 뽐을 내듯 서 있다. 그리고 좁은 가게의 창문 틈새로 보이는 물건들은 다소 낡아 보이지만, 주인장의 말에서는 순박함과 따스함이 묻어난다.

주요 볼거리들이 가득한 올드 타운으로 가는 길에는 유명한 재즈 클럽, 'House of Jazz'가 있다. 재즈 공연은 저녁에만 있지만, 그외의 시간에는 레스토랑으로 운영되기에 안으로 들어갔다. 흑인 재즈 연주가들의 사진과 오래된 음반과 음향 시설이 아날로그적이며 클래식하게 다가온다. 그러나 화려한 샹들리에와 인테리어는 모던하다. 오늘 저녁에는 거품이 가득한 맥주나 깊은 맛의 와인을 마시며 공연을 보고야 말리라.

'몬트리올 재즈 페스티벌' 준비가 한창인 예술지구를 지나 가장 번화한 쇼핑가인 세인트 캐서린 거리를 따라, 늘어선 매장들을 기웃거려 보기도 하고 곳곳의 아름다운 교회도 들러본다. 개성이 넘치는 그래피티로 벽이 장식된 소방서의 빨간색 소방차 안에서는 멋진 소방관들이 금세라도 나타날 것만 같다.

걷다 보니 어느새 오래된 도시의 중심지다. 나는 먼저 1642년에

지어진 노트르담 성당으로 향했다. 외부는 프랑스 파리의 노트르담을 본따 지은 복사본 같다. 그러나 입장권을 사서 들어가 보니 에메랄드 빛이 감돌아 화려하면서도 신비로워, 감탄사가 저절로 흘러나온다. 잠깐 아픈 다리도 쉬고, 경건한 마음으로 땀을 식히기에도 그만이다.

성당을 나와 다음으로 들른 곳은 시원한 물줄기가 뿜어져 나오는 분수와 큰 아름드리 나무 아래 벤치가 있는 자끄 까르띠에 광장이다. 지나가는 사람들을 구경하는 것만으로도 재미있다. 광장의 나무 그늘 아래는 소풍을 온 학생들과 관광객들로 붐빈다. 6월 중순임에도 불구하고 기온이 섭씨 33도를 가리킨다. 바람 한 점 불지 않는 폭염 탓인지 사람들이 광장을 떠나지 못하고 있다.

직사각형으로 길쭉한 광장 중간중간에서는 노점상들이 신선한 주스와 악세서리 등을 팔고 있다. 광장의 양옆으로 뻗은 좁은 예술거리에서는 수많은 레스토랑과 기념품 가게가 사람들에게 어서 오라고 손짓을 하고 있다. 배가 고프지는 않지만 뭔가 군것질을 하고 싶다는 생각에 레스토랑들을 유심히 보니 푸틴Poutine이라는 글자가 유난히 눈에 많이 띈다. 푸틴이라……. 블라디미르 푸틴밖에 모르겠는데……. 사람 이름 같지는 않고 도대체 뭘까?

여기서 푸틴은 캐나다를 대표하는 음식으로 따뜻한 감자튀김에 모짜렐라 치즈를 얹고, 그 위에 닭고기 소스인 그레비 소스를 얹은 요리를 말한다. 캐나다에 온 이상 먹어 보지 않을 수 없다. 레스토랑에 들어가 주문을 하려고 메뉴판을 보니 전통 소스, 이탈리안 소스, 치킨 소스 등 다양한 소스와 딥핑이 있어, 입맛대로 먹을 수 있다. 그레비 소스로 범벅이 된 푸틴을 시켰는데 느끼하기도 하고, 감자튀김과 그레비 소스가 그다지 조화를 이루지 않아 내 입맛에는 별로다. 그러나 옆에 앉은 사람들은 한 사람당 하나씩 주문해서 맛있게들 먹는다.

푸틴을 먹고 나자 광장 중심에서 흥겨운 소리가 들려온다. 자연스레 나의 발길은 그곳으로 옮겨졌다. 몬트리올로 향하기 바로 전에 보았던 탁자 위 인형 차림을 한 사람들이 구경꾼들에 둘러싸여 노래를 부르며 춤을 추고 있다. 인디언, 캐나다 원주민들이다. 아니, 차별적인 어감의 인디언보다는 퍼스트 내이션First Nation이라고 부르는 게 맞겠다. 둥글게 둘러싸고 구경하는 사람들 사이를 헤집고 들어가 앞자리를 차지한 후 그들의 춤을 보고 있노라니 우리나라의 마당놀이를

보는 것 같아 어깨가 절로 들썩여진다.

하지만 화려한 옷으로 치장하고 흥겨운 장단에 몸을 맡긴 그들에게서 슬픔과 한이 느껴졌다. 1년간 호주에서 살면서 들은 원주민들의 이야기가 이들에게도 해당되리라는 생각 때문이었다. 이들 또한 이 땅에 먼저 뿌리를 내렸지만, 영국, 프랑스 등 제국주의 국가들의 원주민 말살 정책으로 100여 년간 아이들과 고립된 채 살아야 했고, 지금까지도 백인 사회로부터 차별을 받고 있다. 교육적, 문화적 박탈감을 안고 살아가는 이들이 자신들의 권리를 요구하는 목소리를 높이고는 있지만, 아직은 가야 할 길이 멀게만 느껴진다. 광장 중간에 앉아 그들의 공연을 보며 날짜를 가늠해보니 6월 21일, 원주민의 날Aboriginal's day이다.

자끄 까르띠에 광장 근처에는 반짝이는 은빛 돔으로 유명한 봉스꾸스 마켓Marche Bonsecurs이 있다. 마켓 앞으로는 생로랑Saint-Laurent 강이 시원하게 펼쳐져 있다. 늘어선 유람선과 간이 음식점, 자전거 대여소 등 그야말로 유원지 분위기다! 그리고 한편에는 노란색, 파란색의 천막들이 즐비하다. 놀이공원이라기에는 뭔가 색다른 것 같아 인디언 공연을 본 내 발걸음은 자연히 그곳으로 향한다.

아, 태양의 서커스Cirque du Soleil다! 몬트리올이 이 종합예술의 본산지인 것을 알면서도 왜 미리 표를 예매할 생각을 못했을까. 부랴부랴 거대한 천막 안으로 들어서니 더위도 잊은 듯 티켓 판매원들이 반갑게 맞아준다. 땀을 흘리며 연신 부채질을 해대는 내게 공연장 안은 에어컨을 가동해 시원하다며 유혹을 한다. 공언 시간과 티켓 가격을 물으니, 2시간 뒤에 공연을 하고 45달러부터 140달러까지 다양한데, 현재는 140달러짜리 티켓만 남았단다. 위치가 좋은 건 당연하겠지만, 약간은 부담스러운 가격이라 망설이지 않을 수 없다.

"특별히 25% 할인해 드릴게요. 당신이 몬트리올에서 태양의 서커스를 볼 기회는 오늘밖에 없잖아요?"

마음을 사로잡는 직원의 말에 결국 나는 충동적으로 가장 비싼 표를 구입했다. 표를 손에 쥐자 뮤지컬이나 오페라를 구경할 때보다 더욱 떨리고 흥분된다.

드디어 공연 시작 10분 전. 천막 안의 객석은 내 옆자리 몇 개를 제외하고는 거의 만석이다. 공연이 아직 시작되지 않았는데도 화려하고 신비로운 레이저 쇼와 탁 트인 무대가 보는 이의 입을 딱 벌어지게 한다. 서커스장이 이렇게 현대적이고 감각적이라니 놀랍다.

공연이 시작되자 화려한 드레스를 입고 진한 화장을 한 사람들이 무대를 휘젓기 시작한다. 무대 뒤에서는 베이스와 전자 기타, 드럼이 어우러져 공연장을 음악으로 가득 메운다. 이 서커스는 줄거리가 있고, 그때마다 묘기, 의상, 음악, 무대가 달라진다. 보고 있는 것은 분명 서커스임에도 뮤지컬, 오페라, 서커스 등이 합쳐진 종합예술에 가깝다. 그들의 공연에 탄성을 터트리는 순간 이상하게도 눈가가 촉촉해진다.

이들의 화려한 공연을 보며 나는 한국의 동춘 서커스단을 떠올렸다. 몇 년 전 TV의 한 휴먼 다큐멘터리 프로그램에서 그들의 삶을 다뤘던 게 기억난다. 당시 서커스 단원들은 변변찮은 수입으로 생활고에 시달리면서도 한국 서커스의 전통을 잇기 위해 매일 밤낮으로 구슬땀을 흘리며 훈련을 한다고 했다. 전 세계적으로 서커스단의 입지가 줄어들고 있다지만, 한국에서는 특히나 서커스를 구경하는 사람들의 숫자가 현저히 줄었다.

태양의 서커스단을 보며 나는 그 이유를 조금이나마 알 것 같았다. 동춘 서커스 단원들의 묘기나 실력은 태양의 서커스에 못잖다. 아니, 오히려 더 뛰어나다. 그러나 그들의 무대나 의상, 음악, 대사 등은 예나 지금이나 별로 달라진 게 없다. 수많은 변화를 거듭해온 한국 사회에서 아직도 80여 년 전의 공연을 한다는 것은 시대의 요구를 전혀 읽지 못하는 게 아닐까 싶다. 전반적으로 변화와 혁신을 통해 서커스도 하나의 공연 문화로 만든다면 얼마나 좋을까.

아침부터 구경하러 바쁘게 돌아다녀서인지, 비행 후 피곤을 무릅쓰고 봐서인지, 늘 저녁에 공연을 보다 보면 나는 얼마 지나지 않아 잠에 곯아떨어지기 일쑤다. 하지만 태양의 서커스를 보는 내내 나는 두 눈을 동그랗게 뜨고 지켜봤다. 2시간이 넘는 시간 동안 "서커스가 이렇게 멋지고 감동적이어도 되는 거야?"라는 말이 나오지 않을 수 없었다. 후회없는 선택이란 이런 것이다. 천막을 나가는 길에 나는 티켓을 판 직원에게 윙크를 하며 "땡큐!"라는 인삿말을 잊지 않았다.

공연을 관람한 후 나는 아직 해가 지지 않은 항구를 따라 천천히 걸었다. 더위가 한풀 꺾인 강가로부터 서커스단의 천막이 점점 멀어져 가지만, 그 여운은 마음 속에 파도처럼 오래오래 남으리라.

한때는 고등학교 동창이자 회사 동류였고 현재는 토론토에서 살고 있는 친구가, 바쁘고 신경쓸 것 많고 스트레스가 많은 한국보다는 캐나다에서 사는 것이 훨씬 편안하고 좋다며 나를 설득한 적이 있었다. 많은 유학생들과 이민자들이 매년 느는 상황으로 볼 때, 깨끗한 자연과 수준 높은 교육에다 자유로움까지 더해진 이곳은 분명히 매력적이긴 하다. 문득 그녀의 메이플 스토리가 어떻게 쓰여지고 있는지 궁금하다. 전화를 걸어야겠다. 그녀는 이렇게 말할 것이다.

　"가시나야, 잘 살고 있나? 보고싶대이."

와플과 홍합으로 대표되는
《플란더스의 개》와 〈스머프〉의 고향

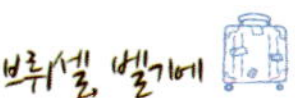

2002년 6월, 브뤼셀 국제공항.

"Where are you gonna stay?"

"I'm going to Amsterdam."

처음으로 해외여행을 나선 데다 영어에 서툴렀던 나는 입국 심사대 직원의 물음에 이렇게 답했다. 그러자 브뤼셀에 와서 왜 구경도 하지 않고 바로 다른 나라로 가느냐며 안타깝다는 듯 그 직원은 내게 물었다. 그랬다. 브뤼셀은 나와는 참 인연이 많은 듯 하면서도 없는 도시다. 유럽 대륙에 첫 발을 내디딘 곳이 브뤼셀이었는데, 45일간 둘러볼 곳이 많고 유레일 패스 기간이 짧다는 이유로 나는 브뤼셀 공항에 내리자마자 바로 기차를 타고 암스테르담으로 이동했다.

그리고 한동안 내 기억에서 잊혀졌던 브뤼셀. 하지만 2006년 호주의 타즈메니아에서 환경 관련 봉사활동을 하면서 5개 국어를 자유롭게 사용하는 따뜻한 마음씨의 벨지언벨기에인 소피Sophie로 인해 벨기에는 다시 내 머릿속에 잠깐 떠올랐다. 그리고 또 다시 5년이 흘러 나는 와플처럼 달콤할 것만 같은 벨기에의 브뤼셀에 드디어 오게 되었다.

처음으로 마음먹고 직접 마주한 브뤼셀. 오기 전에 나는 새파란 하늘 아래 멋진 그랑 플라스La Grand-Place. 브뤼셀에 있는 광장가 있고, 영어에 유창한 금발의 벨지언들이 살며, EU와 NATO 본부가 있기에 깨끗하고 안전하며 수준 높은 도시라고 브뤼셀을 예상했다.

그런데 직접 와서 이야기를 들어 보니, 벨기에는 오늘처럼 햇빛을 볼 수 없는 날이 대부분이며, 벨지언들은 영어보다는 불어와 독어에 더욱 유창하다고 한다. 그리고 자세히 보니 아랍 이민이 많아 도시 곳곳에서 벨지언들의 영어 대화보다 아랍인들의 아랍어 대화가 훨씬 많이 들린다. 게다가 후진국의 이민자들로 인해 불안하고 위험해 보인다.

중앙역을 나와 몇 발짝을 걸으니 그 유명한 그랑 플라스다. 소설가 빅토르 위고가 세계에서 가장 아름다운 광장이라고 칭했으며, 유네스코 세계문화유산으로 선정된 곳임에도 불구하고, 나는 이상하게 무덤덤한 느낌이다. 17세기의 고딕과 바로크 양식으로 만들어진 맥주박물관, 금박 장식이 된 브라방 궁전, 높은 첨탑으로 유명한 시청사, 빅토르 위고가 살았던 집과 왕의 집에 둘러싸인 아담한 광장은, 을씨년스러운 날씨 때문인지 쓸쓸한 분위기가 감돈다. 사진을 확인할 때마다 흐리게 찍혀 나오는 사진이 내 마음을 나타내는 것만 같다.

함께 도시 구경을 나온 게이 동료가 불편한 표정으로 얼른 반창고를 사러 가잖다. 뜬금없는 그의 말에 이유를 물어보니, 오늘 게이 클

럽에서 남자를 꼬셔 볼 작정으로 고른 스웨터가 몸에 너무 착 달라붙어 유두가 보인다는 것이다. 나는 박장대소를 하고 그를 따라 약국으로 갔다. 반창고를 붙이고 나서야 비로서 가슴을 활짝 편 채 발걸음이 당당해진 그. 아니, 그녀라고 해야 맞겠다. 게이 친구를 두었다는 것도 참 재미있는 일이다.

광장의 골목 사이로 와플 가게들이 즐비하다. 과연 내가 와플의 도시에 오긴 왔나 보다. 초코 아이스크림에 과일만 올려 달라고 주문을 하려고 보았더니 아라빅아랍인이다.

"쌀라 말레쿰!안녕하세요."

"왈라어머나, 하빕티Honey, baby 같은 느낌의 여성에게 쓰는 아랍어!"

아랍어를 쓰니 무척 반가워한다. 그리고 내 와플을 보고는 묻는다.

"크림을 얹어 먹어야 맛있지, 얹어 줄까?"

"무료로 얹어 주면 먹을게요."

"초코 시럽도 뿌려 줄까?"

단 것을 별로 좋아하지 않는 내가 고민을 하니, 한마디한다.

"넌 다이어트할 필요가 전혀 없어."

그러면서 거침없이 크림과 시럽을 듬뿍 뿌리더니 와플에 벨기에 국기를 꽂아 준다.

"Specially for the beautiful lady."

와플은 14세기 벨기에의 브라반트Brabant라는 마을에서 처음으로 유래되었다. 그래서 정통 와플이라고 하면 사람들은 벨기에를 떠올린다.

그러나 와플이 전 세계에 이름을 알리게 된 것은 1964년 뉴욕에서 열린 세계무역박람회에서였다. 한 벨지언이 브뤼셀이 어디 있는지 모르는 미국인들에게 수도를 알리기 위해 와플을 선보이면서 '브뤼셀=와플'이라는 공식이 만들어졌다고. 기억을 더듬어 보면 어릴 적에 봤던 벨기에의 대표 동화《플란다스의 개》에서도 네로와 플란다스가 배고플 때마다 와플을 먹는 장면이 나온다.

큼직한 벨기에 와플을 한 손으로는 들고 먹으랴, 다른 한 손으로는 사진을 찍으랴, 정신이 없다. 소매치기가 많다고 조심하라는 말을 많이 들었던 터라 소지품까지 챙기느라 분주한데 나의 시선을 사로잡는 녀석이 있었다. 와플 가게 앞에서 와플을 먹는 남자 아이의 동상이었다. 옆에 기대어 사진을 찍으니 게이 친구가 녀석의 중요한 부분을 잡으란다. 거기에 입맞춤까지 했더니 지나가는 관광객들이 입을 틀어막고 웃는다.

와플과 기념품이 넘쳐나는 거리의 끝에 사람들이 떠들썩하게 모여 있다. 가봤더니 한 녀석_{동상}이 오줌을 누고 있다. 의외의 장소, 의외의 크기에 웃음이 터진다. 하도 작다는 소리를 들어서 그러려니 했는데 50cm를 넘으려나? 그래도 녀석이 벨기에를 대표하는 동상이라 세계 각국의 정상들이 브뤼셀에 올 때면, 이 녀석의 옷을 가져온다고 한다. 그래서 줄리안_{동상의 별명}은 가지고 있는 옷만 500벌이 넘고, 특별한 날에는 한복 등을 입고 패션쇼도 연다고 하니 기가 차다.

아마 우리나라 사람 중 파랗고 작은 체구의 〈스머프〉를 기억하지 못 하는 사람은 거의 없을 것이다. 이 만화영화 역시 벨기에 작품이나.

스머프를 생각하며 오줌싸개 동상을 본다면 뭔가 연관성을 찾을 수 있다. 재미있는 것은 줄리안이 사랑을 받는 이유가 이 녀석이 소변을 계속 보는 한 벨기에는 평화로울 것이라는 속설 때문이란다. 나는 기념품 가게에 들어가 줄리안이 각국의 전통 의상을 입은 모습을 담은 엽서와 벨기에를 상징하는 세 가지, 즉 350여 가지가 넘는 맥주, 고디바로 유명한 초콜릿, 정통 와플이 들어간 귀여운 모형의 집을 샀다.

그랑 플라스 주변에는 숨겨진 관광 명소가 하나 더 있다. 술집과 홍합집으로 가득한 골목 끝자락에 있는 오줌싸개 여자 동상이 그것이다. 이 동상은 오줌싸개 남자 아이에 비해 별로 유명하지 않고 술집 골목의 후미진 곳에 있어 찾는 사람이 드물다. 하지만 그녀의 표정은 무척 개구지고, 오줌 누는 자세 또한 상당히 적나라하다.

이 동상에는 동전을 던지고 소원을 빌면 사랑하는 사람이 평생 자신에게 충성을 다한다는 속설이 있다. 이런 속설이 생겨난 이유가 그저 구석의 후미진 곳에 있는 이 여자 아이의 동상이 안타까워 사람들이 찾아 오도록 하기 위한 것은 아닐까 싶다. 물론 나도 "저만 사랑하는 멋진 남자를 만나서 오래오래 행복하게 살게 해 주세요!"라고 소원을 빌었다.

벨기에하면 빠질 수 없는 것이 홍합이다. 그랑 플라스에서 박물관 옆으로 난 골목으로 들어가면 유명한 홍합 레스토랑을 만날 수 있다. 수십 개의 비슷비슷한 레스토랑을 지나서 웨이터들의 호객 행위까지 뿌리치고 골목 끝까지 가니 초록색 간판과 테이블로 산뜻한 'Chef Leon'이 나온다. 160년의 역사를 가진 이 유서 깊은 레스토랑은 대를 이어 한결같은 맛을 유지하는 까닭에 전 세계인들의 많은 사랑을 받고 있다.

안으로 들어가 홍합과, 먹고 싶었던 수도원 맥주가 없는 탓에 벨기에서 제일 유명한 과일 맥주를 주문했다. 붉은색의 라스베리 맥주는 맥주 본연의 맛과 라스베리의 상큼하고도 달콤한 맛을 동시에 담고 있어 꽤 먹을 만하다. 22유로로 제법 비싼 홍합 요리가 큰 솥에 가득 담겨 나왔다. 버터, 샐러리, 양파가 들어간 오리지널이 크림이 들어간 것보다 더 맛있고, 생각보다 국물이 느끼하지 않고 개운하다. 벨기에에서는 이것과 함께 유명한 감자 튀김이 나온다.

즐겁게 식사를 하던 중 문득 지인의 말이 떠올랐다. 그는 오직 와플과 홍합을 맛보기 위해 브뤼셀에 다녀왔다고 한다. 그리고 정말 후회 없는 여행이었다고 했다. 그러고 보니 여행의 목적과 방식도 시간에 따라 참 많이 변했다. 예전에는 대개 건축물을 보기 위해 여행을 떠났다면, 요즘에는 음식, 음악, 책, 영화 등을 현지에서 직접 맛보거나 느끼기 위해 떠나는 여행이 부쩍 많아졌다.

RESTAURANT
a petite rue
Arlequin
HOTEL
PIZZAS
PÂTES
Nos MOULES
MARINIÈRES
AU VIN BLANC
PROVE
15

우리나라는 언제쯤 외국인들이 김치와 불고기를 맛보기 위해, 김기덕 감독과 박찬욱 감독의 영화를 보기 위해, 한옥에서 생활해 보기 위해 한국을 찾게 될까? 물론 그런 전조를 이미 보이고는 있다. 얼마 전, 인천 비행에서 만났던 한 젊은 아라빅 커플이 왜 한국에 가느냐는 나의 질문에 이렇게 답했었다.

"한국 드라마가 너무 좋아서 한국으로 신혼여행을 가요. 드라마 촬영 장소도 가고, 제주도도 갈 거에요. 참, 저희는 무슬림이어서 소주와 삼겹살은 못 먹어요. 이거 한국말로 좀 적어 주세요."

전 세계인의 사랑을 받는 브뤼셀의 한 레스토랑에 앉아 한국을 생각하는 걸 보면 나도 어쩔 수 없는 한국인인가 보다. 외국에 나가면 모두 애국자가 된다는 말이 거짓은 아닌 모양이다. 홍합과 맥주를 마시며 게이 친구와의 대화도 점차 무르익어 간다.

"제이피, 한국의 포장마차에 가면 말이야. 뜨끈한 국물에 홍합을 줘! 그게 말이지……."

클림트, 자허 케이크와
사랑에 빠지다

7년 전 꼬질꼬질한 옷에 큰 배낭을 덜렁 멘 채 배낭여행으로 들른 비엔나. 그때 비엔나는 음악의 도시로 내게 다가왔다. 예쁜 꽃으로 장식한 시청사에서 개최한 한여름밤의 필름 페스티벌은 정말 황홀했고, 향기로운 커피와 중독성이 강한 자허 케이크는 내 입을 즐겁게 해주었다. 게다가 깨끗하고 안전한 도시인 덕에 늦은 시간까지 자유로운 영혼들과 밤을 지새가며 이야기꽃을 피울 수 있었다.

그리고 7년만에 다시 들른 비엔나. 그 모습은 여전하다. 많은 사람들이 비엔나를 잊지 못하고 다시 찾는 이유가 어쩌면 여기에 있는지도 모른다.

나는 비엔나에 도착하자마자 내가 가장 좋아하는 화가인 구스타브 클림트의 그림을 보기 위해 벨베데레 궁전으로 향했다. 이탈리아어로 '아름다운 경치' 라는 뜻의 벨베데레 궁전은 상궁과 하궁으로 나

뉜다. 나는 클림트의 그림을 보는 것이 목적이기에 상궁 티켓만 샀다.

하얀 궁전의 입구로 들어서니 상궁과 하궁 사이에 예쁘게 가꿔진 프랑스식 정원이 눈에 띤다. 사진기를 꺼내 들었더니 직원이 사진 촬영은 금지라고 알려준다. 이해는 되지만, 요즘에는 많은 박물관이나 미술관에서도 사진 촬영을 허용하고 있고, 플래쉬를 터뜨리지 않으면 그림에 손상을 가지 않을 텐데도 왜 금하는지 이해가 되지 않는다. 특히 미국의 많은 박물관에서는 학생들의 연구와 예술성 고취를 위해 사진 촬영을 장려하고 있는 요즘의 추세로 본다면, 시대를 역행하는 것이 아닌가 싶은 생각까지 든다.

어쩌면 오스트리아인들이 클림트를 너무 사랑해서 그런지도 모르겠다. 〈The Kiss〉라는 작품을 보기 위해 비엔나를 찾는 관광객들만 해도 상당하다니 그가 미치는 영향이 크긴 큰가 보다. 클림트의 큰 영향력 만큼이나 비엔나 사람들의 그에 대한 사랑도 클 수밖에 없으리라. 오스트리아 정부가 클림트의 그림들을 향후 100년간 국외로 반출하지 않겠다고 입장을 밝힌 것도 그 때문일 것이다. 어쩌면 사진 촬영이 금지된 것도 그 때문은 아닐까.

내가 클림트의 그림을 언제 처음 접했는지는 정확치 않다. 하지만 미술에 별로 관심이 없던 나를 클림트는 매번 여행을 할 때마다 미술관으로 이끈 장본인이다. 이번이 아니면 그의 진품을 볼 기회가 많지 않으리란 생각에 궁전으로 향하는 지금, 내 가슴은 콩닥거리고 있다.

드디어 전시실 안쪽에서 많은 사람들에게 둘러싸인 클림트의 대작, 〈The Kiss〉와 만났다. 형용할 수 없을 만큼 감동적인 것을 보면 눈물이 난다는 게 맞는 말인지, 어느새 내 눈가가 촉촉하다. 생각보다 무척이나 큰 그림 앞에서 나는 얼마나 서 있었는지 모르겠다. 그림은 금색이라 화려하면서도 네모, 원형 등을 세밀하게 활용해 기하학적인 느낌을 주는데, 몽환적인 분위기까지 더해지니 정말 신비롭다.

내가 클림트의 그림을 좋아하는 이유는, 그의 작품이 성과 사랑을 사실적으로 표현하면서도 신비롭고, 아름다우면서도 천한 느낌을 주기 때문이다. 그래서일까? 클림트의 그림은 다른 화가의 그림에서 찾아볼 수 없는 독특함이 있다. 그렇다면 이 그림의 주인공은 클림트가 사랑했던 여인, 에밀리일까? 평생 400통이 넘는 엽서를 에밀리에게

보내며 정신적인 사랑을 나눴던 클림트의 삶을 눈을 감고 떠올려 보니 그림이 더욱 애달프다. 내게도 이런 사랑이 올까?

클림트의 그림을 감상한 후 아쉬움을 뒤로 하고 궁전을 나와 2001년 유네스코 세계문화유산으로 지정된 비엔나의 중심부로 발걸음을 옮긴다. 슈테판 광장에는 고전적인 분위기를 물씬 풍기는 관광용 말이 손님을 기다리고 있고, 거리는 예술가들로 붐빈다. 그리고 줄지어 선 기념품 가게와 노천 카페에는 많은 관광객들이 북적북적 거리를 더욱 활기차게 한다. 광장 중심에 있는 알록달록한 지붕의 성 슈테판 성당은 현재 공사 중이지만, 그 독특한 매력은 여전하다.

12세기에 지어져 고혹함과 멋스러움을 간직한 성 슈테판 성당은 모차르트의 결혼식과 장례식이 치뤄진 장소로도 유명하다. 색색으로 된 25만 개의 기와를 지붕에 얹은 이 고딕 양식 건물을 보고 있노라니 감탄사가 절로 나온다. 현대적인 성당 내부는 고급스러운 샹들리에와 미술 작품, 금빛의 파이프 오르간으로 굉장히 화려하다. 그 화려함 뒤에 흑사병으로 죽은 2,000여 명의 시신들과 역대 황제와 신부들의 장기가 보관되어 있는 지하실은 색다른 구경거리를 제공한다.

성당을 나와 세계적인 명품과 엔틱한 골동품, 아기자기한 기념품들이 즐비한 게른트너 거리를 한 악사의 멋진 바이올린 연주를 들으며 걷다 보니, 어느덧 비엔나에서 아주 유명한 초콜릿과 커피 전문점 자허Sacher다. 유서 깊은 카페답게 고전적이고 고급스러운 실내 인테리어가 눈을 즐겁게 한다. 거기에 멋들어진 점원들은 보너스다.

카페의 대표 메뉴인 자허 토르테Sacher Torte는 살구잼이 첨가된 진한 초코 케이크와 생크림을 함께 먹는 것으로, 정말 고급스러운 맛을 지녔다. 또한 커피 역사상 지금처럼 커피에 우유를 넣거나 달게 먹는 방식이 이곳, 비엔나에서 시작되었다고 한다. 나는 진한 커피 향과 부드러운 거품을 느끼고 싶어 카푸치노를 주문했다. 물론 내가 학창시

절 미팅을 할 때마다 들렀던 레스토랑의 비엔나 커피는 이곳에 없다.

국립 오페라 극장이 눈앞에 보이자 빨간색 연미복을 입고, 무릎까지 덮는 흰색 양말에 모차르트 머리 모양의 가발을 쓴 사람들이 티켓을 들고 "피가로! 카르멘!"을 외치고 있다. 표는 이미 매진되었지만, 다행히도 입석 티켓을 판매하고 있다. 나는 발레 〈로미오와 줄리엣〉을 보기로 결정하고 티켓을 구매했다.

이탈리아 밀라노의 스칼라 극장, 프랑스 파리의 오페라 극장과 더불어 세계 3대 오페라 극장 중 하나인 비엔나 국립 오페라 극장은 금빛의 샹들리에와 수많은 조각상과 그림들이 한데 어우러져 화려하고 귀족적인 분위기를 자아낸다. 입구에서부터 탄성이 터져 나온다. 그래서인지 너무 흡족하게 공연 관람을 시작했다.

하지만 극장측의 무제한 티켓 판매로 사람들이 너무 많아 무대가 전혀 보이지 않았다. 게다가 자리 싸움도 만만찮아 무대를 보려고 계단쪽으로 조금만 움직였다간 쫓겨나기 일쑤였다. 더구나 대사나 노래가 없는 이 무언의 몸짓은 참 재미없었다. 하지만 하늘로 날아갈 듯한 발레리나의 춤사위는 정말 인상적이었다. 좀이 쑤시지만 들어오길 참 잘 했다. 아니면 어떻게 이렇게 고풍스러운 곳에서 발레를 구경할 수 있겠는가.

관람을 끝내고 호텔로 걸어오는 내내 클림트의 그림과 발레리나의 자유로운 몸짓이 머릿속을 떠나질 않는다. 그러고 보니 클림트의 그림과 발레리나의 춤이 어딘가 닮았다. 자유분방함이 둘 사이의 공통점이라면 나만의 착각일까.

고야와 플라멩코의
슬픈 이중주

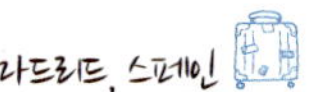

화려한 의상을 차려입고 검은색 머리에 빨간 장미를 꽂은 무희와 관중의 함성소리에 카포테Capote. 투우에 사용되는 붉은색 천를 펄럭이는 투우사를 상상하며 내 머릿속에는 정열이라는 단어가 가장 먼저 떠올랐다. 까무잡잡한 피부의 섹시한 스페니쉬스페인 사람만큼 화려하고 열정적인 빨간색과 잘 어울리는 사람들이 이 세상에 또 있을까.

눈부신 파란 하늘 아래 시내 구경을 나선 나의 발걸음이 콧노래 장단에 맞춰 절로 움직인다. 일년 내내 맑은 하늘과 평온한 기온은 신이 스페인에게 준 선물이라는 생각이 든다.

나는 먼저 출출함을 달래기 위해, 그리고 약간의 달달함이 생각나 스페인에서 유명한 발로어Valor라는 초코라떼 전문점으로 향했다. 스페니쉬들은 밤 늦게까지 술을 마신 뒤 아침이면 따끈하면서도 걸죽한 초코라떼로 해장을 한다고 한다. 하지만 나는 점심과 저녁 사이의 어

중간한 시간에 간단한 요깃거리가 먹고 싶어 이곳에 들렀다.

발로어로 들어서니 깔끔한 흰색 유니폼을 입은 웨이터가 쫀득쫀득해 보이는 츄러스Churros. 밀가루 반죽을 막대 모양으로 만들어 기름에 튀겨낸 스페인 전통 요리를 기계에서 뽑아 튀기고 있다. 정갈한 매장의 진열장에서 달짝지근한 초코렛을 보자 얼굴에 미소가 번진다. 그리고 가격을 확인하자 입안에서 함박웃음이 터진다. 방금 튀겨진 츄러스를 따끈한 초코라떼에 찍어서 입에 넣자 온몸에 평화가 찾아든다.

스페인은 사실 하루에 다섯 끼를 먹는 나라로 유명하다. 간단한 아침과 성대한 점심, 술을 곁들인 늦은 저녁, 그리고 두 번의 간식까지 총 다섯 번을 먹는다. 그들의 풍성한 음식문화는 다양한 식재료와 느긋한 스페니쉬의 기질, 무더운 자연환경이 낳은 산물이다.

나는 한 손으로는 츄러스를 초코라떼에 푹 찍어 먹고, 한 손으로는 작은 메모지에 먹고 싶은 스페니쉬 음식들을 쭉 적어 내려갔다. 하몽Jamon, 돼지 다리를 소금에 절여 건조시킨 음식, 빠에야Paella, 쌀에 닭고기와 어패류, 사프란을 넣은 스페인식 볶음밥, 다양한 종류의 에피타이저 따빠스Tapas, 꼬치니요 아사도Cochinillo Asado, 새끼 돼지 통구이, 그리고 샹그리아Sangria까지 빼곡히 적고 나니 금세 배가 불러오는 것 같다.

어쩌면 이렇게 먹거리가 다양하고 많은 곳에서 매년 '마드리드 퓨젼Madrid Fusion'이라는 세계적인 요리행사가 열리는 것은 당연하다. 이 행사는 매년 주빈국을 선정해 그 나라의 음식과 문화를 소개하는데, 2012년에는 한국이 선정되어 우리나라의 발효음식을 집중적으로 소개했다. 1인 5식을 즐기는 나와 스패니쉬는 닮아도 너무 닮았다. 그 나라의 역사와 문화가 고스란히 반영된 먹거리라는 단순한 매개체로 인해 왠지 스페인이 친근하게 느껴진다면 혼자만의 착각일까.

햇볕이 한층 누그러졌을 때쯤, 나는 쁘라도Prado 미술관으로 향했다. 세계 3대 미술관 중 하나라고 해서 들르기도 했지만, 무엇보다도 스페인의 대표 화가인 고야Francisco de Goya의 작품들을 볼 수 있다는 생각이 나의 발걸음을 미술관으로 이끌었다. 미술관 앞에서 고야의 동상이 이곳의 주인처럼 나를 맞이한다.

쁘라도 미술관 안으로 들어서자 창문으로 들어온 따스한 햇살 아래 루벤스, 렘브란트, 라파엘 등 17세기를 대표하는 화가들의 유화들이 실체를 드러낸다. 나는 신이 비현실적으로 그려진 그림이나 궁정의 비슷비슷한 모습들이 담긴 이 시대의 작품들을 사실 그리 좋아하지는 않는다. 그러나 고야의 초·중반 그림들과 그의 궁정화가 시절에 그린 귀족과 왕족의 초상화와 풍속화는 밝고 사실적인 느낌을 전해준다.

밝던 전시관이 어느덧 어두워질 무렵, 사람들이 뜸한 한 전시실에서 나는 마침내 고야의 후반기 그림을 마주했다. 불혹의 나이를 넘길 때쯤 고야는 콜레라로 인해 귀머거리가 되었다. 또한 그는 당시 프랑스 대혁명이라는 전쟁을 겪으며 현실에 눈을 떴다. '귀머거리 집'에서 그려진 그의 말년 작품들은 '검은 그림들'로 불리는데, 전쟁의 참혹함과 인간의 야만성, 도덕성의 상실 등 어둡고 우울한 사회 모습을 담고 있다.

〈두 마술사〉, 〈거인〉, 〈죽음이 올 때까지〉, 〈두 노인〉 등 인간인지 괴물인지 알 수 없는 검은 그림들로 빼곡한 전시실은 섬뜩함과 오싹함마저 느껴진다. 꽤 많은 미술관을 관람했지만 이런 작품들은 처음이다. 특히 그의 대작, 자식을 잡아먹는 고대 신화의 신을 그린 〈사투르노〉는 정말 공포스럽다. 이런 그림을 그릴 당시 고야가 제 정신이 있었는지 의문이 들 징도다.

82세로 미술가로서는 꽤나 긴 삶을 살았던 고야는 그 오랜 시간만큼이나 다양한 그림들을 그렸다. 펜은 칼보다 강하다는 말이 있다. 하지만 내가 느끼기에 그림은 펜보다 강한 것 같다. 저녁을 먹기 위해 이동하는 내내 무시무시했던 그의 그림들이 너무도 생생히 잔상으로 남은 것을 보면 말이다.

어느덧 저녁 8시가 되어 간다. 하지만 마드리드의 뜨거운 태양은

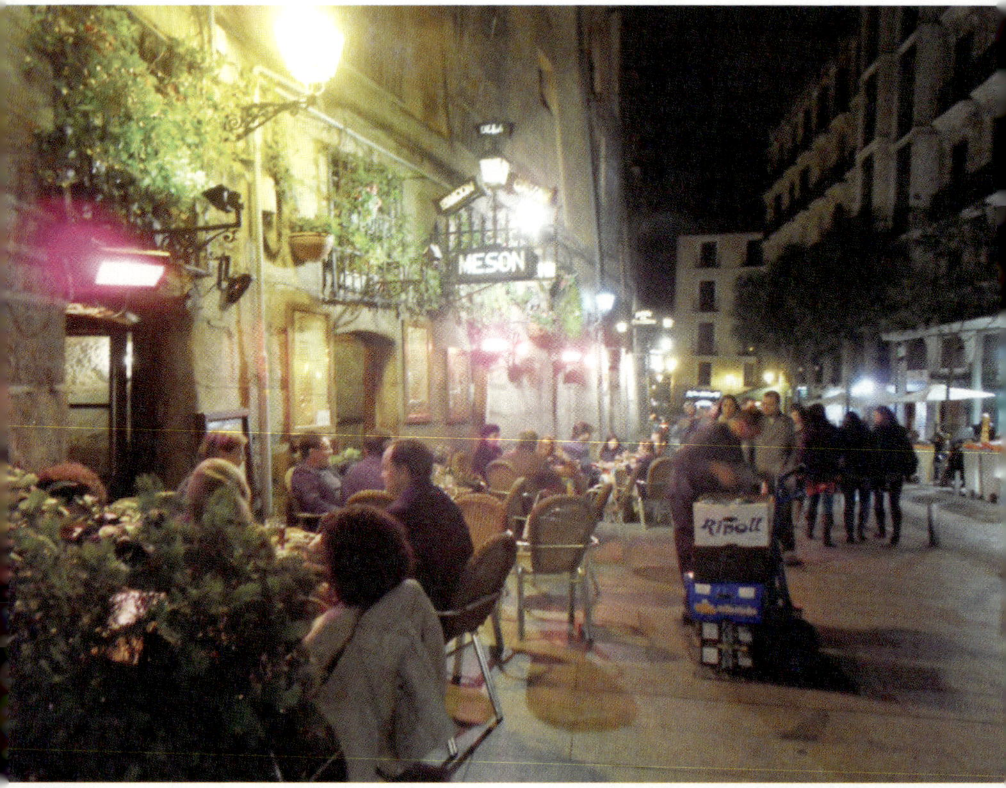
MESON
Ripoll

Cuchilleros 17
Madrid

VICHY
CATALAN
VALOR

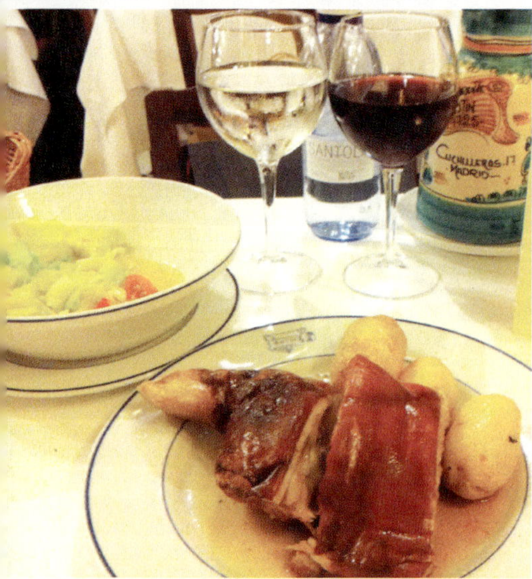

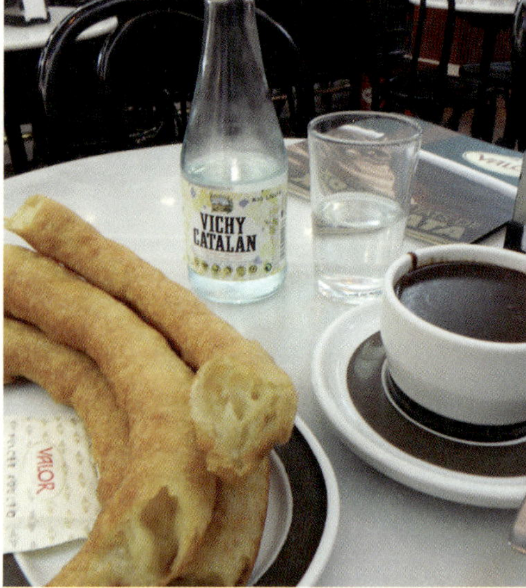

여전히 하늘 높이 떠 있다. 10시쯤 저녁을 즐기는 스페니쉬들에 비해, 해가 지지 않은 이 시간에 저녁을 먹으려니 다소 이른감이 들지만, 맛있는 스페인 음식들을 하나라도 더 즐기려면 부지런히 움직이고 소화시켜야 한다. 맛있는 레스토랑을 찾기 위해 마요르 광장을 지나 메손Meson 지역으로 향했다.

골목마다 예쁜 선술집이 즐비한 이곳에서 나는 아주 특별한 레스토랑, 보틴Botin을 발견했다. 1725년에 문을 연 보틴은 현재 세계에서 가장 오래된 레스토랑으로 기네스북에 올라 있다. 헤밍웨이도 단골손님이었다고 하는데, 그것을 증명하듯 그의 소설에도 이 레스토랑이 등장한다. 세월의 흔적이 느껴지는 고전적인 분위기의 외관에 걸맞게 중후한 노신사가 문을 열어준다.

아직 이른 시간이지만, 레스토랑 안은 빈 테이블이 거의 없다. 역시나 중후한 웨이터가 예약을 했느냐고 묻는다. 예약을 하지 않았다는 말이 떨어지자마자 자리가 없다며 손사래를 친다. 하긴 이렇게 유명한 음식점에, 그것도 주말 저녁에 자리가 있을 턱이 없지. 아쉬움을 안고 발길을 돌려 다른 가게들을 기웃거리기를 1시간. 보틴을 앞에 두고 마음에 드는 레스토랑이 눈에 들어올 리 없다. 결국 나는 다시 보틴의 문을 두드렸다. 앞서 보았던 그 웨이터가 미소를 지으며 아까 와 놓고 왜 또 왔느냐고 묻는다.

"저 혼자 앉아서 식사할 자리가 없을까요? 얼마든지 기다릴게요. 전 여기가 정말 좋아요."

이럴 때는 애교를 어찌나 잘 떠는지 스스로도 놀랄 뿐이다. 웨이터가 대기석에 나를 앉히더니 잠시만 기다려 보란다. 곧 자리가 날 모양이다! 바쁘게 지나다니는 웨이터와 요리사와 연주자들이 재밌다는 듯 쳐다보며 드문드문 말을 건다. 반질반질 윤기가 나는 작은 의자에 앉아 실내를 둘러보니 사면을 빼곡 채운 흑백 사진들과 오래된 그림들이 정말 조화롭다. 게다가 고풍스러운 나무 인테리어 사이사이로 색색의 타일들이 멋을 더한다. 거기에 나이 지긋한 웨이터들의 친절은 덤이다!

10분도 채 기다리지 않았는데 웨이터가 나를 2층으로 안내한다. 2인 테이블에 앉으니 횡재를 한 것 같다. 탄성이 터져 나오는 걸 애써 누르며, 나는 샐러드와 이곳의 대표적인 음식인 새끼 돼지 통구이와 샹그리아를 주문했다. 얼마 지나지 않아 3시간 동안 구워진 생후 3주 된 새끼 돼지가 식탁 위에 등장했다. 태닝이 된 것처럼 바삭바삭한 껍질과 노릇노릇하면서도 부드러운 속살이 구미를 당긴다. 거기에 달콤 상큼한 샹그리아까지 들어가니 세상을 다 가진 것만 같다.

식사를 마치고 친절한 웨이터에게 잠깐 말을 걸어본다. 300년이 된 이 레스토랑에는 하루 600여 명의 손님들이 다녀간다고 한다. 그리고 이 중년의 웨이터는 이곳에서 그의 반평생, 30년을 보냈다고 한다. 이 웨이터의 반평생이 스페인의 전통을 지키는데 바쳐진 셈이다. 그의 투철한 직업정신과 장인정신에 박수를 보내지 않을 수 없다.

벌써 10시가 넘었지만 메존에는 여전히 많은 사람들이 밤의 자유를 만끽하고 있다. 나는 미리 예약해 둔 따블라오Tablao. 플라멩코 전용극장 레스토랑, 카페 데 치니타스Cafe de chinitaas로 서둘러 걸음을 옮겼다.

이곳은 40년 전통의 극장식 레스토랑으로, 플라멩코를 보며 식사까지 할 수 있는 곳이다. 입구에서 보니 약간은 구식이면서도 약간은 아날로그적이다. 복도를 걷다 보니 따블라오의 포스터들 속에서 빌 클린 전 전 미국 대통령도 이곳을 방문했었는지 한쪽에 그의 사진과 사인이 걸려 있다.

직원의 안내를 받고 들어서니 식당이 제법 넓다. 정열적인 빨간색으로 내부와 의자, 탁자까지 치장되어 있다. 무대는 생각보다 작지만, 테이블이 가까워 공연을 보기에는 안성맞춤이다. 공연이 시작되기까지는 시간이 있어서 공연장 뒤쪽을 기웃거렸다. 무대 뒤에서 쉬고 있던 기타 연주자와 눈이 마주쳤다. 사진을 찍어도 되냐고 물으니 괜찮다며 멋지게 포즈까지 취한다. 한 여성 댄서는 나를 보자마자 반갑다며 사진 찍기에 좋은 곳을 찾아 입구까지 날 데리고 간다.

드디어 공연이 시작되었다. 플라멩코를 보기 전까지 나는 솔직히 그게 뭔지 몰랐다. 화려한 프릴이 달린 드레스를 입은 젊고 섹시한 여자들이 추는 춤 정도로만 알고 있었다. 그래서 TV로 플라멩코를 볼 때면, 댄서의 드레스가 얼마나 화려한지, 얼굴은 얼마나 예쁜지, 얼마나 춤을 살 줘서 지마가 펄럭펄럭 나부끼는지가 심사 기준이라고 생각했다. 그런 얄팍한 상식만 가진 나에게 무대 위에 오른 기타 연주자와 남성 가수와 나이 지긋한 여성 댄서는 정말 뜻밖이었다.

플라멩코는 15세기에 스페인의 안달루시아 지방의 집시들이 만들었다고 전해진다. 여러 곳을 떠돌아다니며 생활했던 집시들이 그들의 슬픔을 춤으로 표현한 것이 바로 플라멩코다. 세 명의 기타 연주자, 세 명의 남자 가수, 세 명의 여성 댄서가 무대에 등장하고, 구슬픈 기타 선율이 울려 퍼지자 '아, 플라멩코가 이런 것이구나!' 라며 온몸에 전율이 일어난다.

어느덧 나는 리듬과 박자, 댄서의 표정과 움직임에 서서히 빠져들었다. 내 눈은 발을 응시하고 있다. 댄서의 발짓이 얼마나 능수능란한지 그 템포에 나까지 숨이 차다. 최고조에 다다랐는지 가수의 한이 서린 노래에 맞춰 댄서들의 춤사위도 격정적으로 휘몰아치기 시작한다. 마치 태풍이 몰아치듯 댄서들의 몸이 요동친다.

댄서들의 춤사위와 음악에 맞춰 관객들도 널뛰기를 한다. 활발한 춤사위에 신나는 음악이 흘러나오면 추임새를 넣고 박수를 치다가도, 흐트러진 춤사위에 구슬프고 애절한 음악이 흘러나오면 숨을 죽인 채 간절한 눈빛으로 무대를 응시한다. 1시간이 넘는 공연 동안 얼마나 몰입했는지 손이 얼얼하고, 목이 따끔거린다. 하지만 피날레 후 나는 갑자기 슬픔에 휩싸였다. 떠돌던 집시들은 혹시 자신들의 한과 슬픔을 저 화려한 드레스 속에 감추고 싶었던 것은 아닐까.

오늘, 나는 스페인의 진면목을 본 느낌이다. 정열적이고 화려한 모습만 있다고 생각했다가 그 뒤에 있는 어둡고 슬픈 모습까지 보니 스페인과 훨씬 가까워진 것 같다. 고야의 우울한 얼굴과 플라멩코의 슬픈 몸짓이 하나로 느껴진다면, 이것은 나만의 착각일까.

파리지앵과의
어느 멋진 날

파리, 프랑스

"See you soon!"

내 친구 필립은, "우리 이제 언제 보지?"라고 물으면 늘 불어식 영어 발음으로 이렇게 대답하곤 했다. 그러면 난 그게 무슨 소리냐며, 그게 그렇게 쉬운 거냐며 되묻곤 했다. 하지만 정말 이 친구의 말처럼 금세는 아니지만, 우린 결국 다시 만났다.

필립은 3년 전, 호주에서 일할 때 만났던 190cm의 큰 키에 파란색 눈을 가진 파리지앵파리 사람으로, 다른 여자들에겐 무뚝뚝해도 내겐 농담도 잘 하고 다정다감했다. 우리가 처음 만났을 때, 느리고 흐린 영어 발음 때문에 내가 '어머, 이 친구 마약한 거 아냐?'라고 생각했다고 말했더니 그가 얼마나 웃었는지 모른다.

이 친구와 친해진 후 나는 비로소 프랑스인들에 대해 조금씩 알게 되었다. 다섯 명인 우리 친구들은 하루씩 번갈아 가며 저녁을 준비했

느데, 그가 담당인 날은 맛있는 까르보나라 스파게티나 핏물이 흔건한 부드러운 스테이크를 맛볼 수 있다는 생각에 무척 설레었다. 그러면서도 천천히 음식을 즐기는 프랑스인들의 문화만큼이나 오랜 요리 시간 때문에 주린 배를 움켜잡고 한참을 기다려야 했다.

그러나 나는 곧 공부를 하러 떠나고, 뼛속까지 자유로운 이 친구는 다른 곳으로 일을 하러 떠났다. 그러고 나서 3년 만이다. 그것도 이 친구의 고향인 파리에서 내 생애 최초이자 마지막일 수도 있는 파리지앵 친구를 만난다고 하니 가슴이 널뛰기를 한다.

마침내 바람이 많이 부는 날, 우리는 룩셈부르크 공원에서 만났다. 입맛이 까다로운 파리지앵답게 늘 좋은 음식들, 가령 유기농 채소와 치즈, 내려 마시는 커피를 즐기면서도 옷만큼은 구제 가게에서 10달러를 주고 사 입는 이 친구는, 예전 모습 그대로다.

그의 말에 따르면, 룩셈부르크 공원은 파리 시민에게 가장 인기가 있는 공원이라고 한다. 넓은 잔디 사이로 예쁜 꽃들이 만발하고, 곳곳에 벤치가 있어 느긋하게 시간을 보내기에는 그만이다. 달달하니 부드러운 마카롱과 함께 커피 한 잔의 여유를 만끽해 보는 것도 좋을 것 같다.

한 차례 퍼붓던 소나기가 그치자 세느 강변은 세수라도 한 것처럼 더욱 밝은 모습에 빛이 난다. 강변에 자리한 작고 낡은 노점상들도 한껏 멋을 풍긴다. 난 노점에서 파는 오래된 책 냄새를 맡고, 불운한 천재 화가 툴루즈 로트렉이 그린 인상적인 물랑루즈의 포스터와 일러스트를 보며 세느 강의 아름다움을 감상한다.

그리고 나서 파리에서 가장 오래된 다리인 퐁네프 다리에 도착했다. 퐁네프는 '새로운' 이라는 뜻이란다. 이 다리는 영화 〈퐁네프의 연인들〉로 유명해졌지만, 영화에서 나온 다리는 세트였다고 한다. 7년 전 내가 배낭여행으로 여기에 왔을 때, 이곳에 다시 오면 남자친구와 함께 영화에서처럼 멋진 키스를 하리라 다짐했노라고 필립에게 털어놓았다.

"오늘은 내가 남자친구가 되어 줄 테니 마음껏 키스해 봐."

농담 섞인 진담을 웃어 넘겼더니 내심 필립이 서운해하는 눈치다.

늦은 오후, 파리 중심가에 살고 있는 필립의 친구 집을 방문했다. 비싼 집이지만, 오랜 역사만큼이나 굉장히 낡고 좁다. 결혼을 한 필립의 친구는 직장 때문에 주중에는 여기서 혼자 생활하고, 주말에는 가족들이 사는 근교로 간단다. 독특하지만, 많은 파리지앵들이 그렇게 살고 있단다. 근교도 집 값이 만만치는 않지만, 교육의 질이 파리보다 좋아 아이들은 근교에서 키우고 있다고 그가 덧붙인다. 그리고 시내는 이제 중국인들과 인도인들의 차지가 되었다며 씁쓸하게 웃는다.

작은 집이지만 5명이 앉아서 오손도손 이야기하기엔 부족함이 없다. 필립과 그의 친구들이 함께 모여 술 한잔에 대화가 무르익자 저녁을 먹을 겸 밖으로 나갔다.

"Hyang mi, can you ride a bike?"

나름 자전거의 여왕이라는 말에 필립의 친구들은 신이나 나를 대여소로 데리고 갔다. 3년 전쯤 CNN을 통해 파리시에서 시민들의 편의를 위해 시내 곳곳에 셀프 자전거 대여소를 만들었다는 뉴스를 본 기억이 난다. 1유로로 하루 종일 탈 수 있고, 타다가 아무 대여소에나

파킹을 하면 되고, 저렴할 뿐 아니라 시간이나 공간 활용에도 좋고, 환경도 보호할 수 있어서 참 좋은 아이디어라고 생각했는데, 그 자전거를 오늘 타게 될 줄이야.

Velib, 즉 '자전거'와 '자유'의 합성어가 적힌 자전거를 타고 우리는 먼저 바스티유 광장으로 향했다. 그 근처에는 크고 작은 바와 레스토랑이 늘어서 있어 남녀노소 누구나 늦게까지 왁자지껄하게 밤을 보낼 수 있다. 배낭여행을 왔을 때는 바스티유 기념탑만 보고 갔는데, 바로 옆에 이런 곳이 있다니 새로운 발견이다. 정명훈 씨가 한때 지휘자로 있었던 바스티유 오페라 극장도 보인다. 현존하는 유럽 최고의 오페라 극장이다. 필립과 그의 친구들에게 정명훈 씨를 혹시나 아느냐고 물었더니 역시나 모른단다.

드디어 파리지앵의 미식가들과 저녁 만찬이다. 음식이 나오기 전에 입맛을 돋구기 위해 샴페인과 화이트 와인에다 메인 요리와 함께 마실 레드 와인과, 디저트로 치즈까지 주문했다. 최대 7코스로 저녁을 먹는 프랑스인에 비하면 간소한 편이지만, 내게는 무척 낯설다. 나는 프랑스 전통 음식인 달콤한 닭 요리를, 필립은 생 소고기에 양념 몇 가지와 달걀 노른자를 섞은 육회 비슷한 요리를, 스테이크 타르타르Steak tartare를 주문했다.

화이트 와인, 레드 와인, 디저트 와인까지 마셔 취기가 약간 오르자 우리들의 대화는 점차 깊어만 갔다. 파리지앵들의 짧은 영어로 인해 때때로 대화에 혼선이 빚어지긴 했지만, 우리는 많은 이야기를 나누었다.

내가 밥값을 내려고 하니 파리에 온 손님에게 계산을 하게 할 수는 없다며 자기들이 내겠단다. 그러고는 다음에 한국에 가면 맛난 것을 사 달란다. 유럽에서는 더치페이가 당연하다고 생각했던 내게 그들이 뜻밖의 호의를 베푼 것이다. 사람 사는 곳이라면 어디든 손님을 대접하는 것이 관례인 모양이다.

길고 여유로운 저녁 식사를 마치고 레스토랑을 나서자 밖은 어느새 어둠이 짙게 깔려 있다. 그들은 비행을 갓 마치고 온 내가, 동양의 작고 연약해 보이는 여자인 내가 어둠 속에서 자전거를 잘 타는지 확인하려는 듯 몇 번이나 고개를 돌려 나를 바라보았다. 그러나 내가 묵묵히 페달을 밟아 목적지에 먼저 가 있거나 유유히 사진을 찍는 걸 보고는 안심하는 눈치다. 오랜만에 자전거를 타고 캄캄하고 고적한 파리 시내를 누비니 마음이 날아갈 것만 같다.

자전거를 타고 본 〈레미제라블〉을 연상시키는 시청은 무척 아름다웠고, 멋진 조명을 받으며 빛나고 있으리라 기대했던 루브르 박물관의 유리로 된 피라미드는 불이 꺼진 채 어둠 속에 우뚝 서 있었다. 나는 자전거를 타고 카루젤 개선문, 콩고드 광장, 그리고 샹젤리제 거리 끝자락의 개선문까지 가보았다. 새벽의 파리 시내는 너무나 고적하고 조용했다.

누군가가 파리는 만남의 도시라고 했던 기억이 난다. 소설가 앙드레 지드와 제임스 조이스는 서점 '세익스피어 앤 컴퍼니'에서 만났고, 역시 소설가인 헤밍웨이와 스콧 피츠제럴드는 '리츠 호텔'에서, 미술가 로트렉과 고흐는 '물랑루즈'에서 만났다. 그리고 나와 필립은

‘룩셈부르크 공원’에서 만났다. 정말 파리는 보고픈 이들을 만나게 해주는 마법의 도시인 모양이다.

하지만 만남이 있으면 헤어짐도 있는 법. 필립과 나는 새벽 3시가 넘어 우리 인생에서 마지막이 될 수도 있는 작별 인사를 뜨거운 포옹으로 대신했다. 내가 호텔로 가는 택시에 앉자마자 창문 너머로 필립이 택시비를 건네며 호주에서 헤어질 때처럼 “See you soon.”이라며 미소를 짓는다. 괜시리 코끝이 찡하다. 그의 말에 나는 늘 “언제? 어떻게? 어디서 봐?”라고 묻곤 했는데, 오늘은 그러지 않았다. “Philippe, See you soon!”

열심히 일한 당신,
그리스로 떠나라

  흰색과 파란색의 가로 줄무늬가 가지런히 옆으로 그려진 그리스 국기가 바람에 펄럭이는 것을 보고 있노라니 눈부신 푸른 하늘과 시리도록 파란 바다, 순백의 마을이 눈앞에 그려진다. 그렇다, 나는 지금 그리스의 산토리니로 향하는 페리를 타고 있다. 옆에서는 친한 동생들인 윤영이와 주영이가 조잘거리고 있다. 무슨 일이든 반복하면 실증나게 마련이지만 여행은 예외다. 오히려 하면 할수록 더욱 설렌다.

  그리스에는 에게 해를 수놓은 6,000여 개의 섬이 있다. 그중에서도 음료 광고와 영화 〈맘마미아〉로 사람들에게 가장 많이 알려진 곳이 산토리니다. 수천 년 전에 화산 폭발로 섬 가운데가 가라앉아 지금처럼 초승달 모양의 섬이 되었다는데, 광고와 영화를 통해 보았던 가파른 절벽에 다닥다닥 붙어 있는 흰색의 집과 골목, 파란색 지붕과 창문이 나의 뇌리에 선명하게 남아 있다.

하지만 막상 항구에 도착하니 "엥? 여기가 산토리니야?"라는 말이 절로 나온다. 광고나 영화에서 보았던 흰색과 파란색의 조화를 찾을 수가 없다. 하지만 이 아름다운 섬은 3일 내내 믿을 수 없이 눈부신 자연과 인간의 따뜻한 손길을 정작 우리에게 선사했다.

페리에서 내리자마자 우리는 다가오는 수많은 숙박업자들을 제치고 예약을 해두었던 호텔 주인을 찾았다. 그녀는 아주 쾌활하고 젊은 아줌마였다. '오케이'를 얼마나 많이 외쳐대는지 무조건 말만하면 오케이!

"아줌마, 여기 아침 식사 나오는 거 맞죠?"

"오케이!"

"아줌마, 방 값은 체크아웃할 때 계산할께요."

"오케이!"

그녀를 보니 얼마 전 보았던 영화 〈My big fat greek wedding〉이 떠올랐다. 디아 발다로스라는 그리 매력적이지 않은 여주인공 때문에 별로 보고 싶지는 않았지만, 〈섹스 앤 더 시티〉 시리즈에 출연하면서 유명해진 존 코벳이 나와서 보게 된 영화였다. 하지만 뜻밖의 시나리오 때문인지 무척 재미가 있었다.

영화는 청교도를 믿는 조용한 미국인인 존의 가족과 그리스인으로 사돈에 팔촌까지 동원된 왁자지껄한 다아네 대가족의 상견례에서부터 결혼식까지의 해프닝을 담았다. 숙소의 주인 아줌마는 정이 많고 쾌활한, 한마디로 오지랖이 넓은, 영화 속 디아네 가족 같다.

우리를 태운 작은 승합차는 꼬불꼬불한 길을 한참이나 달려 피라

열심히 일한 당신, 그리스로 떠나라 산토리니, 그리스 277

Fira에 도착했다. 분홍색의 아담한 숙소에 짐을 풀자마자 우리는 피라 시내 구경에 나섰다. 피라는 산토리니 섬의 중심지로 근처의 항구나 이아Oia 등으로 이동이 편리하고, 레스토랑이나 바, 클럽 등이 골목골목마다 있으며, 렌트카나 투어 등을 예약하기에도 좋아, 여행객들에게 가장 인기가 많은 곳이다. 그래서 가장 복잡하고 붐비는 곳이기도 하다.

미로 같은 피라의 골목은 마치 동화 속 세상 같다. 흰 담벼락은 이름 모를 진홍색 꽃으로 아름답게 수놓아져 있고, 이국적인 간판은 보는 이의 시선을 사로잡는다. 게다가 골목마다 지중해의 햇빛 아래 시원하게 입을 수 있는 옷을 파는 가게, 바다와 잘 어울리는 샌들을 파는 가게 등 독특하고 다양한 가게들도 많다. 특히 앙증맞은 기념품들을 파는 가게들은 내 지갑에서 돈을 술술 빼내간다.

나는 세계 각국을 돌아다닐 때면 반드시 기념품 가게를 들른다. 하지만 그게 그거인데다 마음에 드는 것이 없어서 뭘 사야 할지 우왕좌왕하는 경우가 많다. 그런데 산토리니의 기념품들은 하나같이 마음에 들 뿐만 아니라 가격도 저렴해 이것저것 사다 보니 기념품만 한 가방이다.

그리스, 특히 산토리니는 산토 와인이 유명하다. 이 아름다운 섬이 그려진 산토 와인은 15~20유로로 싼 편이고, 맛도 좋다. 친절한 직원은 여유로운 웃음으로 다양한 와인을 설명해 주었고, 테스팅도 넉넉히 할 수 있도록 배려를 해주었다. 그 덕에 우리는 맛이 좋은 와인을 여러 병 샀다.

we ship abroad
Banner Pen
Collection Pen

SANTORINI
SANTORINI
SANTORINI

산토리니는 경치도 아름답거니와 사람들도 친절하다. 어디를 가나 웃으며 인사하고, 바가지 요금도 없다. 이들이 여행을 더 즐겁고, 산토리니를 더 매력적으로 만드는 것 같다. 그리스는 사실 유럽에 속하지만, 나는 둘 사이에 연관성을 전혀 찾을 수가 없다. 그리스가 그만큼 독특함을 지니고 있어서일 것이다. 정이 많은 사람들과 아름다운 자연 유산을 가진 이들이 어쩌다 재정 위기에 봉착했는지 그저 안타깝기만 하다.

"어? 당나귀다! 나 동키Donkey 탈래!"

구항구로 향하는 좁고 가파른 계단에 당나귀들이 줄지어 지나간다. 당나귀를 타고 지중해를 굽어보는 것도 재밌을 것 같아 안장에 앉으니 지중해가 눈앞에 있는 것 같다. 하지만 즐거움도 잠시. 땡볕 아래서 헥헥거리며 계단을 오르는 당나귀가 가엾기도 하고, 오랜 세월에 반질반질해진 계단에서 당나귀의 발이 가끔씩 미끄러질 때면 가슴을 쓸어내려야 했기에 이내 안장에서 내려왔다.

오래된 계단 옆으로는 채소와 과일을 파는 사람들과 레스토랑이 칼데라 절벽 위에 촘촘하다. 지중해의 빛을 받은 과일이 더없이 맛있게 보인다. 레스토랑에서는 바다에서 갓 잡은 해산물들을 굽는 냄새로 가득하다. 그 때문일까? 내 위가 꿈틀거린다.

몇 시간 지나면 산토리니에도 일몰이 올 것 같아 우리는 차를 렌트한 후 호텔 주인에게 이아 마을로 가는 지도를 부탁했다. 그런데 웬걸? 주인이 건네준 세상에서 가장 단순한 지도를 보고는 웃음을 터뜨리지 않을 수 없었다. 몇 가닥의 선과 지명 몇 개가 전부인 그 지도를

보고 과연 찾아갈 수 있을까 의문이 들었다. 하지만 지도가 단순하다는 것은 길도 단순하다는 의미일 터. 한길만 따라 가면 될 것 같아 지도를 손에 들고 이아 마을로 향했다. 모르면 무조건 직진이다!

그러고 보니 그리스에 도착해 처음으로 지도를 받았다. 사실 여행 갈 때 나는 가장 먼저 지도를 챙기는 버릇이 있다. 보고 싶은 곳에 따라 코스를 정해야 하기 때문이다. 그러나 산토리니 여행은 교회나 박물관 등을 바삐 구경하는 것이 아니라 느긋하게 푸른 바다를 만끽하고 자유롭게 골목골목을 탐험하는 것이 제격이라는 생각에 나는 지도를 구해놓지 않았다.

　　역시나 해안선을 따라 한 방향으로만 갔더니 20분 만에 섬의 북쪽 끝에 위치한 이아 마을에 도착했다. 해발 150m에 위치한 이 작은 마을은 석양이 아름답기로 유명해 저녁 무렵이면 수많은 인파로 북적인다. 칼데라 절벽 위에 있는 좁고 예쁜 골목과 이국적인 분위기는 피라와 비슷하지만, 레스토랑이나 기념품 가게들은 피라보다 좀 더 고급스럽다. 그 때문일까. 마을 곳곳이 많은 사람들 때문에 발디딜 틈이 없는 데도 이상하게 소란스럽지가 않다.

　　우리가 이아 마을에 도착했을 때는 벌써 석양이 물들기 시작해서인지, 많은 사람들이 마을 곳곳에 자리를 차지하고 앉아서 드넓은 지

중해를 바라보고 있었다. 오랜 세월이 느껴지는 성채에도, 멈춰선 풍차에도, 파란색 돔을 자랑하는 교회에도 붉은빛이 내려앉았다. 위대한 자연이 부리는 화려한 풍경 앞에서 연인들은 사랑을 맹세하듯 서로에게 포옹과 키스를 퍼붓는다. 아, 이렇게 부러울 수가! 우리끼리라도 안아보자며 여자들끼리 서로 뜨겁게 포옹을 해본다.

대자연에 홀려 넋을 잃고 바라보다가 주변을 둘러보니 지는 노을과 함께 사람들도 모두 어디론가 사라지고 없다. 우리는 맛있는 저녁을 먹으며 산토리니에서의 벅찬 감동을 만끽하기 위해 절벽 부근에 있는 레스토랑으로 향했다. 레스토랑에 들어가자마자 그리스식 샐러드, 갓 잡은 새우와 생선 구이, 해산물 리조또를 주문했다.

느끼한 것을 좋아하지 않는 내겐 양상추, 토마토, 오이, 피망, 적양파, 페다 치즈 등과 올리브 오일이 들어간 산뜻한 그리스 샐러드가 제격이다. 신선한 해산물은 두말하면 잔소리다. 우리는 물과 만나면 우유빛으로 변한다는 그리스의 투명한 술, 우조를 주문했다. 하지만 생소한 아니스 향과 40도로 강한 술이 익숙지 않아 별로 마시지를 못했다.

술이 좀 들어가니 괜시리 모두들 감상에 빠진다. 이럴 때는 자연스레 직업 얘기가 나올 수밖에 없다.

"매일 tea or coffee, chicken or beef만 연발하며 인디인들이 남긴 더러운 쟁반을 치울 때마다, 아라빅들의 무례한 말을 애써 참고 넘길 때마다, 내가 이럴려고 승무원이 됐나 싶어. 그럴 때면 당장 때려치우고 싶은 생각이 수십 번도 더 들어. 언니, 근데 여행을 하고 싶을 때 비행기표도 싸게 살 수 있고, 휴가도 여유롭게 주어지고, 스트레스도 덜 받으며 일할 수 있는 직업이 과연 몇 개나 있을까 생각하면 이 직업도 꽤 괜찮다는 생각이 드는 거 있지?"

동생들의 하소연이 이어진다. 하지만 어쩌겠는가. 내가 해줄 수 있는 말이란 교과서 같은 말일 뿐이다. 결국 결론은 이런 말로 끝낼 수밖에 없다.

"애들아, 지금껏 잘 해왔듯이 긍정적이고 적극적으로 일하고 즐기자꾸나!"

젊음은 끊임없이 흔들리고, 흔들려도 도전하는 것이라고 하지 않던가. 문득 바라본 푸른 하늘 아래 별이 하나둘 뜨고 있다. 우리가 기대하고 바라는 밝은 미래처럼…….

나미비안의 소울 메이트와 함께 한
황홀한 데이트

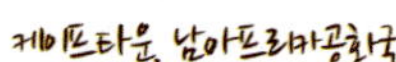

검은색 피부, 낮은 코, 두꺼운 입술, 큰 엉덩이, 가난, 식량 부족, 무질서, 무례, 불평등, 노예……. 이것들은 내가 나미비안 출신의 틸라나와 남아공 출신의 여러 입사 동기들을 만나기 전까지 아프리카라고 하면 떠올리는 이미지들이었다.

2009년 1월 31일 카타르 항공에 입사한 날, 나는 15명의 동기들을 만났다. 그중에는 필리핀, 태국, 말레이시아에서 온 친구들은 물론이거니와 유창하게 영어를 구사하는 백인, 스페니쉬스페인 사람처럼 구릿빛 피부를 가진 친구, 검은색 피부에 곱슬머리를 한 친구도 있었다.

나는 피부가 하얀 백인 친구들을 보며 호주니 미국 혹은 유럽에서 왔을 거라고 생각했다. 그런데 의외로 그들은 대개가 아프리카 출신이었다. 그때 나는 큰 문화적 충격을 받았을 뿐 아니라 아프리카라는 대륙에 대해 참으로 무지했음을 깨달았다. 그들의 하얀색 피부는 아

BiTs of AfricA
BiTs of AfricA

프리칸아프리카 사람은 피부가 검다는 내 편견을 깨뜨렸고, 대학 교육을 마친 그들의 세련된 매너와 수준 높은 사고는 가난과 무교육이 아프리칸 사회를 지배한다는 내 생각에 일침을 가했다.

나와는 카타르 항공 입사 동기인 나미비아 태생의 틸라나는, 고향은 아니지만, 자신의 삶과 추억이 고스란히 남아 있다는 남아프리카공화국의 케이프타운에 대해 자랑하며 내게 꼭 구경을 오라고 했다. 그럴 때면, 나는 항상 "Yes!"라고 답했다.

그녀의 요청에 화답하듯 케이프타운으로 가는 지금, 가슴이 방망이질을 해댄다. 우리 항공사에는 케이프타운에서 온 크루들이 많은 편인데, 그중에서 흑인은 단 한 명도 없다. 그래서 나는 백인들로 가득한 '아프리카의 유럽'이라는 수식에 걸맞게 유럽풍의 케이프타운을 머릿속에 그렸다.

하지만 두바이 공항에서 비행기를 타기 위해 게이트로 향하는 순간. 수많은 흑인들과 마주치자 나는 정말 아프리카로 가고 있다는 것을 실감했다. 케이프타운에 도달할 때쯤, 틸라나가 세계에서 가장 아름다운 곳이라며 자랑했던 에메랄드 빛 바다기 비행기 날개 아래로 펼쳐진다.

아프리카 최고의 부유한 나라인 남아프리카공화국의 케이프타운 국제공항에 들어서자 'Chichi, welcome to Capetown!'이라는 종이를 든 185cm의 틸라냐가 미소를 지으며 서 있다. 뜨거운 포옹을 나눈 후 나는 그녀의 차에 올랐다. 구형이라 부끄럽다는 그녀와는 달리 나는 수동인 이 파란색의 차가 너무 마음에 든다. 너무나도 아프리카스럽기에…….

틸리나가 시동을 걸기 위해 기어에 채워진 자물쇠를 열쇠로 푼다. 흠칫 놀란 내게 틸라냐가 아프리카에서는, 아무리 케이프타운이라고 해도 치안이 불안하고, 특히 자동차 도난 사고가 많이 발생해 자물쇠로 기어를 꼭 걸어 잠궈야 한단다. 뿐만 아니라 차 안에 장착된 라디오도 훔쳐간다며 주차를 한 후에는 라디오를 빼서 숨겨놔야 한다고 덧붙였다.

나는 예전에 입사 동기의 동생이 한국에서 영어 강사로 일할 때 자신이 경험한 것을 남아프리카공화국의 친구들에게 말했던 상황을 떠올렸다. 그녀가 택시에 지갑을 두고 내렸는데, 몇 분 뒤 택시 기사가 전화를 걸어서 돌려줬다고 했을 때, 틸라나를 비롯해 많은 친구들은 눈이 튀어나올 만큼 놀랐었다. 왜 그랬는지 나는 이제서야 비로소 이해할 수 있었다.

"Chichi, Let's go!"

신이 난 그녀가 초크를 당긴다. 시동이 걸리지 않는다. 다시 초크를 당긴다. 역시나 반응이 없다. 그녀는 결국 나미비아에 있는 아빠에게 전화를 걸었다. 그러고는 그녀가 다시 초크를 당기자 드디어 부릉 부릉! 초크를 당기는 것만으로도 얼마나 웃기던지 우리는 서로를 보며 크게 웃었다. 하얀 아프리카인과 노란 아시아인을 태운 파란 수동차가 보슬보슬 내리는 늦가을 비를 맞으며 황금빛 노을 아래로 미끄러지듯 들어간다.

테이블 마운틴케이프 반도 북단에 위치한 산이 바라다 보이는 그녀의 히피스러운 집에 들어서니 룸메이트, 마르디가 "Welcome!"이라고 인사를 한다. 집을 나와 우리는 레스토랑으로 이동해 라카Raka라는 쉬라즈Shiraz 레드 와인과 쇠고기 스테이크롤을 주문했다.

스테이크롤은 바게트 위에 미디엄으로 익힌 쇠고기가 테리야끼 소스와 함께 올려진 것으로 아주 만족스러웠다. 저렴하면서도 풍부한 향과 다양한 맛을 선보이는 남아공산 와인과 육질이 좋은 스테이크를 빼놓는다면 남아공을 말할 수 없으리라. 내게서 재밌는 이야기들을 많이 듣고 싶다는 마르디와, 자기를 보기 위해 케이프타운까지 와 줘 너무 감동이라는 틸라나와의 즐거운 밤은 그렇게 깊어만 간다.

"Good morning, Chichi! Tea or coffee?"

이튿날, 틸라나의 말에 눈을 떠 창밖을 보니 안개가 자욱하다. 날씨가 좋을 것만 같다. 겨울에는 햇볕이 나는 경우가 드물다며 탈라나는 와이너리에 가기 전에 꼭 테이블 마운틴에 가야 한다고 수선을 피워댄다. 슈퍼마켓에서 샌드위치와 요거트 등을 산 후 우리는 테이블 마운틴을 향해 길을 나섰다. 어제와 달리 틸라나는 초크를 낭겨 차에 시동을 거는 것이 한결 자연스럽다.

케이프타운은 영국 BCC에서 발표한 '죽기 전에 가 봐야 할 50곳' 중 한 군데로 꼽힌 곳이다. 또한 '세계에서 가장 아름다운 도시 Top10'에도 선정될 만큼 천해의 자연환경을 가진 곳으로, 그 명성에 걸맞게 산꼭대기에서 내려다 보는 경치가 그야말로 장관이다. 특히 짙푸른 에메랄드 빛 바다 위에 안개가 옅게 깔려 있어 몽환적이면서도 신비롭다.

산 정상이 풍화 작용으로 깎여 나가 사암층이 드러난 채 평평하게 남았다고 해서 이름 붙여진 테이블 마운틴은 '세계 7대 자연경관'에도 선정될 만큼 아름다운 곳이다. 게다가 세계에서 찾아보기 힘들만큼 다양한 식물군을 가진 자연의 보고로, 도심에서 쪽빛의 대서양이 바로 눈앞에 펼쳐지는 멋진 경관을 자랑한다.

테이블 마운틴의 꼭대기는 생각보다 넓고, 수많은 들꽃과 덤불로 덮여 있다. 앗, 눈앞에 하트가 보인다! 오랜 세월동안 거친 바람과 뜨거운 햇볕 아래서 암석은 이렇게 자신의 사랑을 표현했나 보다. 오랜만에 올라왔다는 틸라나는 물론이거니와 처음으로 올라온 나도 테이블 마운틴의 풍경에 감탄하지 않을 수 없다. 안개라는 식탁보에 둘러싸인 '아프리카 밥상' 위에 앉아 쪽빛의 넓디넓은 대서양을 바라보며 그녀와 함께 먹는 샌드위치는 이제껏 내가 맛본 것 중에서 최고다.

와이너리Winery, 포도주를 만드는 양조장로 가기 위해 파란색의 구형차는 스탈린보쉬Stellenbosch로 방향을 돌렸다. 금빛의 향연이 계속 이어지는 포도밭과 와이너리 주변 경치가 그야말로

한폭의 그림이다. 틸라나가 케이프타운에서는 생일이나 결혼 기념일 등을 와이너리에서 한다고 거든다. 흰색 웨딩 드레스를 입은 신부가, 물감을 풀어놓은 듯한 파란 하늘과 황금빛으로 물든 포도밭과 무척 잘 어울릴 것 같다.

남아프리카공화국은 아프리카 최남단에 위치해 여름에는 건조하고 무덥지만, 겨울에는 비가 많이 내리고 서늘하다. 그런 기후 때문에 와인 생산에 있어 최적의 환경이다. 게다가 다양한 성질의 토양 때문에 고유 품종인 피노타주pinotage에서부터 진한 카바르네 쇼비뇽Cabernet Sauvignon에 이르기까지 수십 종의 와인을 생산할 수 있다. 그 덕분에 남아프리카공화국은 350년이라는 오랜 역사와 다양성을 자랑한다.

그러나 이런 장점과 역사에도 불구하고 남아공산 와인이 알려지기 시작한 것은 불과 몇 년밖에 되지 않는다. 2010년 월드컵을 계기로 해서 한국에서도 비로소 남아공 와인을 많이 찾게 되었으니 말이다. 이런 와인을 현지에서 맛볼 수 있다니 나는 참 운이 좋은 사람임에 틀림없다. 아름다운 경관을 안주 삼아 와인을 마시니 더 달콤하다.

내가 언제 처음으로 와인을 접했는지는 정확히 기억나지 않는다. 하지만 처음에는 와인을 그다지 좋아하지 않았던 건 분명하다. 와인도 오래될수록 좋다는 말이 있듯이, 나이가 들수록 와인도 좋아지는가 보다. 20대 중반에는 별로 맛이 없었는데, 20대 후반에는 달콤한 화이트 와인이 입에 착 감겼고, 30대가 되니 떫고 쓴 레드 와인이 식탁에서 빠지면 섭섭하니 말이다.

저녁 6시가 넘어 해가 지니 20도를 넘던 날씨가 매섭게 바뀌었다.

프란축Franschhoek에서 친절한 흑인 웨이터의 서비스를 받으며 저녁 식사를 마친 뒤, 겉옷 지퍼를 잠그고 머플러로 단단히 무장한 뒤 따뜻한 차를 마시기 위해 스탈린보쉬에 있는 스피르Spier라는 와이너리로 자리를 옮겼다.

이곳은 밤에는 모요Moyo라는 아프리카풍의 카페를 열어 뷔페와 함께 멋진 댄스도 선보인다. 케이프타운에서 가장 아프리카스러운 카페라고 할 수 있는데 신비스러우면서도 히피적인 분위기를 자랑한다. 사람들과 잘 어울리고 활동적인 틸라나는 그후로도 내 입맛에 맞는 다양한 장소를 구경시켜 주었다. 이런 친구의 안내를 받으며 여행을 한다는 것은 정말 행복한 일이다.

사실 틸라나를 비롯해 회사에서 만난 많은 남아공 친구들은 흰 피부에 금발인 유러피언이나 오지Aussie와 별반 달라 보이지 않는다. 또한 예술적이고, 창의적이며, 다방면에 소질을 가지고 있다. 그러나 5일간 케이프타운을 보며 내가 느낀 것은, 이런 재능을 가진 친구들이 일할 수 있는, 자기들의 능력을 발휘할 수 있는 기회가 많지 않다는 사실이었다. 돈도 없고 힘도 없는 정부가 이들에게 해줄 수 있는 것은 매우 제한적인 것 같았다. 그러니 많은 친구들이 런던이나 뉴욕을 유토피아로 여기고 이민을 결심하는 것도 당연하다.

모닥불 앞에 앉았더니 서비스라며 아프리카풍의 페이스 페인팅을 해 준다. 흰색의 점으로만 간단히 그린 것이 마음에 쏙 든다. 틸라나의 추천으로 따뜻하게 거품을 낸 우유에 뭔가를 넣은 홀릭스Horlicks라는 음료를 마시며, 모닥불과 투명하게 빛나는 별빛 아래서 우리는 지나간 남자와 다가올 남자에 대해 수다꽃을 피었다. 긴 내화 끝에 우리는 모두 조만간 멋진 남자를 만날 것이라 응원하며 서로를 꼬옥 껴안았다.

이곳 흑인들의 열정만큼이나 뜨거운 모닥불은 활활 타오르고 있고, 그들의 피부만큼이나 까만 하늘에는 별이 총총히 가득 떠 있다. 그 아래에서 소울메이트와 도란도란 나누는 이야기꽃은 시공을 잊은

듯 끝도 없이 이어진다. 홀릭스를 마시며 사랑스러운 눈빛으로 나를
바라보는 틸라나 역시 여전하다. 이번 만남을 뒤로 또 다음 만남이 언
제일지 모르니 우리는 더욱 반가우면서도 애틋한가 보다.

행복한 밤이다.

 29

청렴하고 자유로운 영혼들의 도시에서 맛본
칼스버그 맥주

코펜하겐, 덴마크

"당신은 길에서 지갑을 주웠습니다. 본 사람은 아무도 없으며, 지갑을 열었더니 50달러가 들어 있습니다. 어떻게 하시겠습니까?"

덴마크의 수도, 코펜하겐에 가기 전 나는 몇 년 전에 있었던 〈리더스 다이제스트〉의 이색적인 실험이 떠올랐다. 이 회사의 브뤼셀 지국은 50달러를 지갑에 넣은 후에 유럽의 200개 장소에 의도적으로 떨어뜨리고는 회수율을 조사했다. 그 결과, 전체 회수율은 58%. 전체 200개 중 116개의 지갑이 돌아왔다.

특히 덴마크와 노르웨이는 100%의 회수율을 기록해 지갑을 잃어버려도 안심할 수 있는 나라, 국민들의 청렴도가 가장 높은 나라로 평가되었다. 그 조사를 보면서 나는 어떻게 100%라는 수치가 나올 수 있는지, 지갑을 발견한 많은 사람들 중에서 어떻게 단 한 명도 딴 마음을 먹지 않는지 놀라지 않을 수 없었다.

그 기억을 안고 덴마크와 데니쉬덴마크인들에게 경외심을 가지고 나는 스칸디나비아 인근에 위치한 반도국을 찾았다. 첫 여행이라 설레기도 했지만, 친구인 크리스틴을 볼 수 있다는 생각에 마음이 부풀어 올랐다. 독일인인 크리스틴은 현재 코펜하겐에서 학비를 들이지 않고 무료로 공부 중이다. 우리는 외국에서 공부하려면 많은 돈이 들지만, EU국가들 사이에서는 무료나 혹은 매우 저렴하게 학교를 옮겨가며 공부를 할 수 있다. 아, 이 얼마나 부러운 일인가.

크리스틴을 만나기 위해 지하철을 탔다. 생각보다 간단하고 짧은 2개의 지하철 노선도에 놀라고, 자전거를 타고 지하철에 오르는 많은 사람들을 보고 다시 한번 놀랐다. 맞다, 덴마크는 자전거의 나라지! 시민 대부분이 가지고 있을 정도로 그들의 자전거에 대한 사랑은 대단하다. 물가가 비싼 것도 자전거를 선호하는 이유겠지만, 자동차에서 나오는 이탄화탄소 배출을 줄여 녹색환경을 실천하려는 노력도 한몫을 한다. 그래서인지 버스나 지하철을 이용하는 사람들이 별로 많지 않다.

회색빛의 하늘 아래 강하게 부는 바람을 맞아가며 그녀도 자전거를 타고 왔다. 뉘토브Nytrov 역 앞에 자전거를 주차하고 잠깐 걸었더니 그 유명한 뉘하운Nyhavn, 새로운 항구라는 의미이다. 이제는 관광지가 되어버린 항구의 양옆으로 알록달록 치장한 예쁜 레스토랑과 카페가 나를 맞이한다. 항구 곳곳에서 펄럭이는 국기에서 정직과 깨끗함이라는 단어가 자연스레 연상된다. 스칸디나비아 반도국을 나타내는 저 십자가 모양. 노르웨이, 아이슬란드 등의 국기에서도 발견할 수 있는 저 십자가의 위력이 새삼 위대하게 느껴진다.

그런데 지나가던 차가 갑자기 내 앞에 멈춰섰다.

"이 집을 왜 찍는 거에요?"

나는 답한다.

"안데르센의 생가였다기에 기념으로 찍어 두려구요."

덴마크의 대표적 동화작가인 안데르센은 뉘하운 20번지에서 18년간 살았다고 한다. 원래 배우가 되고 싶었지만, 배우가 될 수 없자 동화를 쓰게 되었다고 한다. 안데르센이 세상을 떠나던 날, 온 국민이 상복을 입었다는 일화는 그가 덴마크에 얼마나 큰 영향을 미친 인물인지 짐작케 한다. 건물에 적힌 안데르센의 이름이 반가워 사진기

셔터를 눌렀더니 금발의 백인이 흥미롭게 나에게 질문을 던졌던 것이
다. 자기는 몰랐다며 알려줘서 고맙고, 안데르센을 좋아해줘서 오히
려 고맙단다.

　유명한 쇼핑 거리인 스트로이에Stroget 가에는 명품 샵과 레스토
랑, 기념품 가게는 물론 세계에서 하나밖에 없다는 6인용 자전거에서
부터 바이킹 복장을 입은 레스토랑의 호객꾼까지 많은 것들이 보는

이의 흥미를 자아낸다. 시내 곳곳을 걷다보면 옛 모습을 고스란히 간직한 건물들을 볼 수 있는데, 이상하게도 1층이 없다. 계단을 내려가면 반지하층이, 계단을 올라가면 일과 이분의 일층이 있을 뿐이다.

우리는 뭔가를 먹어야겠다는 생각에 편안하고 따뜻해 보이는 반지하층의 레스토랑으로 들어갔다. 덴마크 음식을 먹고 싶어 크리스틴이 추천한 청어Herring를 선택했다. 양념에 약간 삭혀진 청어와 사우어 크림, 브라운 브레드가 나왔다. 빵 위에 생선을 조금 잘라서 올리고, 사우어 크림과 양파, 딜Dill. 허브의 일종을 얹어서 같이 먹었더니 생각보다 비리지 않고 상큼하다. 크리스틴이 선택한 피쉬 케이크도 맛있다.

나의 비행, 직업, 남자 이야기, 예전에 한 번 만났던 그녀의 미국인 남자친구 이야기, 그녀의 코펜하겐에서의 삶과 인턴 이야기 등 많은 주제들이 우리들의 식탁에 풍성함을 더했다.

"남자친구가 뭐든 할 때마다 부모님들한테 묻고 그분들이 하라는 대로 해서 좀 힘들어."

개인주의 문화를 가진 유럽인인 그녀는 미국인 남자친구의 가족 중심적인 문화를 이해하기 힘들다고 했다. 뭐든지 혼자 결정하고 해결하는 독립적인 성격의 그녀는, 가족들과 의견을 나누고 부모님의 의견을 존중하는 남자친구네의 문화와 충돌할 때가 많다고 털어놓았다. 문화적인 보편성으로 본다면 이게 무슨 소리인가, 바뀐 것이 아닌가 하는 생각이 든다. 역시 개인마다 문화가 다를 수 있다는 것을 다시 한 번 깨닫게 된다.

접시가 거의 비워질 때가 되자 구석에서 타고 있던 벽난로의 불도 거의 사그라들었다. 우리는 레스토랑을 나와 다시 걷기 시작했다. 저녁 8시쯤 되었을까. 어둠이 내려앉은 거리를 걷는데 시청사 근처에 눈에 띄는 건물이 있다. 자세히 살펴보니 건물에 설치된 빨간 막대가 현재 기온을 나타내고 있다.

크리스틴의 말에 의하면 꼭대기에는 두 여자의 동상이 있는데 한 명은 자전거를 끌고 있고, 한 명은 우산을 쓰고 있다고 한다. 햇볕이 쨍쨍한 날에는 자전거를 끌고 있는 동상에 불이 들어오고, 비가 오면 우산을 쓰고 있는 동상에 불이 들어온다고 한다. 그러나 코펜하겐의 날씨가 워낙 변덕스러워 동상의 불이 이쪽저쪽으로 꺼졌다 켜졌다를

반복한 탓에 지금은 고장난 상태라고 한다. 예상하기 어려운 코펜하겐의 날씨 상황을 정확히 보여주는 단적인 예라고 할 수 있겠다.

이튿날, 어제의 잿빛 하늘과는 달리 물감을 풀어 놓은 듯 파란 하늘이 내게 밖으로 나오라며 재촉한다. 근위병 교대식이 보고 싶어 아멜리엔보리 궁전으로 향했다. 길이 멀고 시간이 촉박해 걱정스럽다. 그런데 저 멀리서 악단의 음악 소리가 들려온다. 거짓말처럼 장난감 병정같은 근위병들이 줄을 맞춰서 걸어오고 있다.

'어머나, 이렇게 운이 좋을수가…….'

이들과 함께 걸으면서 구경도 하고, 이들을 따라가면 자연스럽게 아멜리엔보리 궁전에 닿을 수 있다고 생각하니, 횡재한 느낌이다. 빨간색 제복을 입은 영국의 근위병들과는 달리 파란색 제복을 입은 이곳의 근위병들은 바지만큼이나 눈이 파랗다. 앞에는 악단이, 뒤에는 칼을 찬 근위병이 차례로 따라간다. 쇼핑 거리와 주택가를 지나 드디어 궁전이다. 오늘따라 유난히 파란 하늘과 근위병들이 한폭의 그림 같다. 근위병이라고는 하지만 삼엄하거나 근엄하기보다는 농담을 걸고 싶을 만큼 귀엽다.

영국 버킹검 궁전에 비하면 이곳의 교대식은 단출한 편이지만, 덴마크 왕가의 위엄이 느껴진다. 영국 왕실보다 더 오랜 역사를 지녔고, 90%의 국민 지지율을 얻고 있는 덴마크 왕실은 프레데릭 왕자와 호주 타즈메니아의 서민 출신 메리 왕세자빈의 결혼으로 인해 더 많은 이들의 관심과 사랑을 받고 있다. 현대판 신데렐리인 메리는 평범한 직장인이었는데 친구들과 펍Pub에 갔다가 덴마크 왕자를 만나 결혼을 하게 되었다고 한다. 왕궁 중앙의 프레데릭 기마상을 보며 내게도 저런 사람이 나타나기를 바라며 발길을 돌렸다.

크리스틴과 약속한 시간이 다가오자 세계 최고의 맥주 공장으로 향하는 발걸음이 빨라졌다. 칼스버그는 세계 5위 안에 드는 맥주 회사로, 1847년에 야곱슨Jacobsen이 창립했고, 아들 이름Carl을 따서 회사명을 지었다. 발효 방식으로 제조한 맥주를 맛본 왕이 매우 흡족해 왕관을 수여하면서 왕관 로고가 현재까지 이어지고 있다고 한다. 맥주를 맛보기 위해 칼스버그 맥주 박물관으로 들어서자 미리 와 있던 크리스틴이 코펜하겐 언론협회의 일원으로 얻은 무료 티켓을 건넨다.

시대별, 나라별로 전 세계에 출시된 칼스버그 맥주병들을 보니 유럽의 몇몇 친구들이 왜 맥주병을 수집하는지 알 것 같다. 각양각색의 병 모양, 특히 크리스마스나 추수감사절 등 특별한 날에 출시된 병은 무척이나 예쁘다. 오래전에 출시된 클래식하면서도 장인정신이 느껴지는 코르크 마개로 된 맥주병은 와인처럼 고급스럽다.

또한 예전 맥주병에는 히틀러의 나치 문양도 있다. 얼핏 보면 절을 상징하는 것처럼 보이지만, 히틀러는 인도에서 복과 윤회를 의미하는 이 문양을 가져와 게르만족의 우수성을 알리고자 했다고 한다. 칼스버그도 자기들의 맥주가 최고라는 것을 알리기 위해 이 문양을 사용했던 것일까.

무료 시음이 가능한 바Bar로 들어서자 입구에 벤자민 프랭클린의 글이 나를 반긴다.

"Beer is proof that God loves us and wants us to be happy."

생각보다 넓고 현대적인 바가 크리스틴은 무척 마음에 드는 모양이다. 맥주 공장의 내부를 둘러보며 우리는 술노 살 못히면서 4병이나 주문해 잔을 부딪쳤다. 문 닫을 시간이 되었다는 점원의 말에 우리는 빨갛게 상기된 얼굴로 맥주병을 들고 밖으로 나왔다. 양손에 맥주병을 든 나와 비틀비틀 자전거를 모는 그녀의 모습이 얼마나 우스운지…… 현재 시각 오후 5시 30분. 우리는 벌써 취했다.

마약과 마리화나를 쉽게 사고팔고, 자유롭게 필 수 있는 곳. 이렇게 위험한 곳이 과연 녹색 자연과 깨끗한 정치로 대표되는 덴마크에 있다니 믿기질 않는다. 하지만 그곳이 '크리스티애니아' 이다. 경찰의 단속이 뜸한 이곳은 코펜하겐에서는 독립적인 행정구역처럼 취급된다.

그곳에 들어서니 그래피티로 가득한 건물 앞에서 불을 피워 놓고 사람들이 삼삼오오 마리화나를 피우고 있다. 기념품 가게와 레스토랑과 공연장도 보인다. 건물 곳곳에는 총기, 휴대폰, 카메라 사용 금지 표시가 붙어 있다. 다소 움찔한 내 모습을 눈치챘는지 크리스틴이 카메라를 꺼내지 않는 이상은 위험하지 않다고 알려준다. 그리고 이곳은 위험하거나 나쁜 곳이 아닌, 대학생들이 가끔 마리화나를 피우며 스트레스를 푸는 공간이라고 덧붙인다.

한국인과 외국인의 마리화나에 대한 인식에는 큰 차이가 있다. 한국은 마리화나를 마약으로 규정하고 있지만, 외국에서는 담배와 같이 필 정도로 가볍게 여긴다. 심지어 네덜란드와 캐나다뿐 아니라 스위스, 포르투갈, 이탈리아 등 유럽의 여러 나라에서도 이 약물의 사용은 합법적이다.

크리스틴이 나를 이곳에 데리고 온 이유는 음식과 술을 파는 레스토랑에서 저렴하게 공연도 보며 히피 문화를 즐길 수 있기 때문이다. 평화롭지만, 할 것이 많지 않은 코펜하겐에서 어쩌면 이런 곳은 필연이지 않을까 싶다. 우리는 미네스트로네Minestrone. 야채 스프와 맥주를 주문해서 우스꽝스러운 불쇼를 보며 갖은 수다를 떨었다. 은은한 조명 아래 자유로운 젊은 영혼들과의 교감도 그렇게 깊어만 간다.

인류 문명의 살아 있는 야외 박물관,
동서양을 잇는 다리

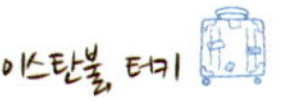

세상에서 가장 강한 힘과 많은 의미를 지닌 단어, 엄마. 언제 어디서나 이 단어 앞에서는 나도 모르게 눈물이 난다. 도하 국제공항의 입국장에서 엄마를 보자 "엄마!"를 부르는 내 큰 목소리는 가늘게 떨렸다. 대구에서 서울을 거쳐 도하까지 열 몇 시간의 긴 여정이었지만, 엄마의 표정은 역시나 밝다.

엄마는 기내식이 맛있어서 다 먹었고, 잠도 충분히 잤으며, 입국 심사도 잘 통과했다며, 딸의 걱정 어린 질문들을 미리 예상하고 선수를 치신다. 그러더니 승무원들 일하는 걸 보니 보통 힘든 게 아닌 것 같다며 걱정을 하시는 여느 엄마들과는 달리, 나의 엄마는 식사 서비스가 끝나고 나면 몇 시간이나 쉬고, 공짜로 여행도 가고, 도하에서 혼자 자유롭게 지내니 얼마나 좋으냐며 말을 이으신다.

내가 세상에서 가장 사랑하는 엄마와 그런 그녀를 꼭 닮은 나. 두 모녀를 태운 비행기는 창공을 날아올라 어느덧 동서양을 잇는 다리인 터키의 이스탄불에 도착했다. 입국 심사에 꼬박 1시간, 환전까지 끝내니 30분이 더 소요되었다. 공항을 빠져나온 택시는 아시아와 유럽을 가르는 바다를 지난 후, 예쁜 가게들이 가득한 시내의 유럽 지구를 돌아 술탄 아흐메트 지구에 위치한 아담한 호텔 앞에 우리 모녀를 내려놓았다.

잘생긴 호텔 직원의 친절한 안내를 받은 뒤 나는 엄마에게 속삭였다.

"엄마, 저 청년 잘생겼다 아이가? 멋있는데!"

"남자가 저래 곱상하이 순해 빠져가꼬는 안 된다. 남자다운 맛이 없다 아이가!"

10월 초, 이스탄불에는 가을비가 주룩주룩 내린다. 아야 소피아에서부터 블루 모스크까지 볼거리들을 걸어서 이동해야 한다는 생각에 비가 그리 반갑지 않다. 그러나 비가 오니 시원하게 구경을 할 수 있고, 관광객들의 혼잡도 피할 수 있어서 좋지 않느냐는 엄마의 현답에 나는 우산을 활짝 펼쳤다.

아야 소피아와 블루 모스크로 둘러싸인 역사 지구의 중심지로 들어서자 토인비가 왜 터키를 '인류 문명이 살아 있는 야외 박물관'이라고 했는지 알겠다. 1만여 년 동안 중앙아시아의 유목민 문화와 비잔틴의 지중해 문화, 오스만 제국의 문화 등이 꽃을 피웠던 이곳, 형제의 나라에서 역사적 유물들을 접하니 온몸에 전율이 몰려온다.

서기 325년에 건축되기 시작한 아야 소피아는 오랜 역사만큼이나

인류 문명의 살아 있는 야외 박물관, 동서양을 잇는 다리 _{이스탄불, 터키} 309

독특한 사연을 지니고 있다. 건축 당시에는 성당으로 쓰이다가 1453년부터는 무슬림의 사원인 자미로 쓰여서인지, 외부는 비잔틴 양식으로 성당이라는 느낌이 강한 반면, 아랍어가 가득한 내부는 무슬림 사원이라는 느낌이 풍긴다.

이 거대한 자미의 높은 돔을 떠받드는 기둥이 없는 실내는 금빛으로 웅장하며, 샹들리에는 무슬림이 편하게 코란을 읽고 기도를 할 수 있도록 낮게 달려 있다. 유럽 여행을 할 때도 좀처럼 감탄사를 터뜨리지 않던 엄마가 이곳을 보고는 몇 번이나 감탄을 하는 걸 보면 매력적인 건축물이긴 한가 보다.

무수한 세월의 흔적이 느껴지는 거대한 사원을 나오니 여전히 붉

게 물든 단풍잎이 비에 젖어 촉촉하다. 건너편의 블루 모스크로 향하는 길가에서 깨가 소복하게 얹어진 시미트Simit 빵을 보니 코에까지 고소함이 전달되는 것 같다. 그 옆에서 밤을 굽는 모습은 우리나라와 별로 다를 바가 없어 보인다.

좀처럼 무엇을 하고 싶다든지, 먹고 싶다든지 표현하지 않는 엄마가 불쑥 한마디 하신다.

"미야, 우리 옥수수 안 사 묵을래? 윽시 맛있어 보이는데……."

옥수수를 무척이나 좋아하는 엄마. 한 손에는 갓 삶아낸 옥수수를 들고, 다른 한 손으로는 우산을 받쳐가며 씩씩하게 블루 모스크로 걸어가신다. 블루 모스크로 더 잘 알려진 술탄 아흐메트 자미는 역시 이스탄불 최고의 볼거리로 알려진 탓인지 입구에서부터 많은 사람들이 긴 줄을 서서 기다리고 있다. 긴 줄 뒤에서 높이 솟은 미나렛과 층층이 쌓아 올려진 것 같은 자미를 보고 있노라니 멀리서 무슬림의 기도 소리가 들리는 듯하다.

입구에서 받은 스카프를 머리에 두르자 엄마가 우습다며 사진을 찍자고 하신다. 사진 찍히는 걸 별로 좋아하지 않는 분인데 이스탄불이 좋긴 좋으신가 보다. 우리는 이예 자미 한쪽 귀퉁이에 눌러앉아 스카프를 고쳐 쓰고 셀카를 찍어대며 휴식을 취했다. 260개가 넘는 스테인드글라스를 통해 들어오는 햇살로 실내의 튤립, 장미, 카네이션 등 그림들이 푸른빛을 띠자, 엄마는 마침내 블루 모스크의 의미를 이해하셨다.

오렌지색의 귀여운 3층 건물, 경찰서 맞은편에 많은 사람들이 줄을 서 있다. 몰랐으면 그냥 무심코 지나쳤을 텐데 이곳이 바로 예레바탄 사라이, 즉 지하 궁전으로 비잔틴 시대부터 오스만 왕조까지 주변 지역의 중요한 물 창고로 사용된 곳이란다. 10리라를 내고 안으로 들어서니 습한 기운이 느껴지고, 336개의 돌기둥 아래로 물이 고여 있다. 관광객들이 던진 동전들과 유유히 헤엄을 치는 물고기가 훤히 보인다. 무덤덤하게 지켜보는 나와 달리 엄마는 "세상에나 어떻게 지하에 이런 걸 만들었을꼬, 신기하네."라며 흥미롭게 구경하신다.

그러나 그것도 잠시. 어두운 조명 아래 머리가 거꾸로 달린 메두사의 석상을 보시고는 무섭다며 빨리 나가자고 하시는 엄마. 아름다웠지만 교만했던 탓에 여신의 저주를 받아 아름다웠던 머리카락은 가닥가닥 뱀으로 변하고, 그녀와 눈이 마주치면 돌이 되고 만다는 신화 속 주인공이 지하 궁전의 맨 끝에서 관광객들을 맞이하고 있다. 지하 궁전에는 카페도 있는데, 그곳에서는 콘서트도 열린단다. 그러나 무서움을 잘 타는 엄마와 나는 카페에 앉을 엄두도 내지 못하고 부랴부랴 궁전을 나왔다.

역사 지구에서 나와 토프카프 궁전과 귀르하네 공원을 지나니 음식이 맛있어 보이는 레스토랑과 예쁜 카페, 기념품 가게가 즐비한 곳에 닿았다. 레스토랑 입구에서 터키 여인이 만두피 같은 것을 빚는 걸 보니 저절로 가게 안으로 발길이 간다.

터키 음식은 프랑스 음식, 중국 음식과 함께 세계 3대 요리의 하나로 꼽힌다. 중앙아시아의 유목민 문화와 비잔틴의 지중해 문화, 오스만 제국의 문화가 결합되어 다채로운 음식문화가 발달했다. 특히 아시아와 유럽이 만나는 지리적 이점과 풍부한 음식 재료, 15세기 중 반부터 약 400여 년간 3개 대륙아시아와 유럽, 아프리카을 장악했던 오스 만 제국의 부강함이, 터키의 음식문화를 발달시킨 중요한 원동력으로 꼽힌다.

그러나 그 명성에 비해 터키 음식이라면 케밥 정도만 겨우 아는 내 게 점심을 고르기란 쉽지 않은 숙제다. 그래서 터키쉬 전통 런치 세트 를 선택했다. 그린 샐러드에 올려진 올리브가, 즉석에서 데워 먹는 강 한 향신료 냄새의 스튜가, 잘 구워진 양고기를 납작한 빵에 싸서 먹는 케밥이, 여러 대륙의 음식들을 맛봤다는 느낌을 준다.

부모님과 함께 여행한 친구들을 보면, 대개 음식이 부모님의 입에 맞지 않아 힘들었다고 말한다. 그러나 엄마는 향이 강한 음식이든, 질 긴 고기든, 달고 느끼한 음식이든, 어찌나 잘 드시던지. 덕분에 여행 의 한 시름을 덜 수 있었다. 나의 왕성한 식욕도 분명히 엄마에게서 물 려받은 것이리라.

아주 맛있는 식사에 비해 설탕에 절인 듯 달디단 디저트인 바클라 바는 그저 그랬다. 하지만 체즈베Cezve라는 구리로 만든 듯한 아주 작 은 냄비에 끓여낸 달지도 쓰지도 않은 진힌 커씨는 어찌나 맛있던지, 엄마와 나는 터키를 여행하는 내내 커피, 커피 하고 노래를 불렀다.

트램에 오른지 몇 분 만에 우리 모녀는 젊은이들의 열정이 가득한 신시가시의 탁심 광장에 도착했다. 이스티크랄 거리의 수많은 가게들 사이를 운행하는 노면 전차가 정겨우면서도 구시가지와는 또 다른 매 력을 보여준다.

회전식 고기 구이인 되네르 케밥과 신선한 생과일 주스도 그냥 지나치다 엄마와 나는 동시에 한 가게 앞에서 걸음을 멈췄다. 흰색 아이스 설탕이 듬뿍 발라진 큼직한 젤리, 터키쉬 딜라이트 앞이었다. 한국전쟁 당시 1만 5,500여 명을 파견해 피로 맺어진 형제의 나라, 한국에서 왔다고 했더니 사장이 어찌 알았는지 젤리를 무척 좋아하는 내게 큰 것 하나를 집어서 입안에 넣어준다. 로쿰Loukum이라는 달고 쫀득쫀득한 젤리에 우리 모녀는 맛있다며 입을 모은다. 그래, 골칫거리였던 기념품을 정했다! 로쿰이다!

이스티크랄 거리에서 갈라타 타워를 지나 에미뇨뉴 지구에 이르자 시원하게 펼쳐진 보스포러스 해협을 가로지르는 유람선들이 해협 너머 구시가지에 있는 수많은 자미의 첨탑과 어우러져 멋진 경관을 연출한다. 어느 나라에서나 볼 수 있는 유럽풍 혹은 아시아풍의 경치가 아니라 이스탄불만의 독특한 경치가 황홀함을 더한다.

에미뇨뉴 지구에서는 꼭 맛봐야 할 음식이 있다. 바로 고등어 케밥이다. 케밥의 나라로 잘 알려진 터키는 케밥의 종류만도 200~300가지에 이르는데, 보스포러스 해협의 고등어 케밥은 이스탄불의 명물로 꼽힌다. 바다 위에는 화려하게 불을 밝힌 채 고등어 케밥을 파는 배들이 파도에 출렁이고, 그 안에서는 배를 갈라 가시를 빼낸 수십 마리의 고등어들이 가지런히 구워지고 있다.

비린듯 하면서도 코를 자극하는 이 냄새에 이끌려 우리 모녀도 자리를 차지하고 앉았다. 두툼한 빵 사이로 잘 구워진 고등어가 통째로 들어간 케밥은 생각보다 정말 맛있었다. 뭐든지 잘 드시는 엄마 역시

비리지 않다며 고소한 케밥을 하나 다 드셨다. 고등어 케밥을 맛있게 먹은 우리 모녀는 부른 배를 두드리며 자리에서 일어났다.

땅거미가 내려앉을 무렵이건만, 여전히 갈라타 다리 위에서는 강태공들이 낚시를 하고 있다. 엄마는 그들을 물끄러미 바라보시다가 결국은 곁에 앉아서 그들이 잡은 생선들을 보며 손짓 발짓으로 그들과 이야기를 나누신다. 터키 아저씨가 한국말을 알 턱이 없는데도 엄마는 연신 한국말로 대화를 하신다.

"아, 많이 잡았네예. 이 생선은 뭐라예? 엄미, 이래 큰 것도 있네예."

이 시대의 많은 엄마들이 그랬듯이, 우리 엄마도 결혼 후 길고 힘들었던 시간을 긍정과 천성적인 유쾌함으로 이겨내신 분이다. 그런 엄마가 있기에 지금의 나도, 오빠들도 존재하리라. 자식들을 위해 반평생을 희생한 그녀의 뒷모습을 보고 있자니 무척 안쓰럽고 가엾다.

앞서가던 엄마가 나를 향해 고개를 돌리신다. 얼굴에 깊이 패인 주름이 세월의 흔적을 말해주지만, 나이를 알 수 없을 만큼 그녀의 밝은 표정과 또랑또랑한 목소리가 내게 위안을 준다. 나는 폭풍처럼 달려가 엄마를 안았다.

"야가 와이카노? 좀 보자, 좀!"

손발이 오글거리는 건 딱 질색인 엄마는 피식 웃으시며 나를 밀쳐내신다. 우리는 어깨동무를 하고 노을이 점점 수를 놓는 보스포러스 해협의 아름다운 경치를 구경했다. 그리고 마침내 보스포러스 해법에도 황혼이 찾아들었다. 낮은 하늘에는 아직도 갈매기가 날아다니고, 아름다운 자미에는 불이 켜졌다. 바다 위에서 고등어 케밥을 파는 배와 관광객들로 가득한 유람선에도 화려한 불이 켜졌다.

사방으로 펼쳐지는 아름다운 불빛의 향연에 우리 모녀는 할 말을 잃었다. 엄마와 이런 장관을 함께 볼 수 있다는 사실에, 그녀가 건강하게 살아 있다는 사실에, 긍정적이고 활동적이고 정직한 그녀가 나의 엄마라는 사실에, 그저 감사할 뿐이다. 아시아와 유럽의 어느 한 중간에서 들릴 듯 말 듯 나는 그녀의 귀에 대고 속삭였다.

"엄마, 사랑해요."

ZABITA

T.C.
SAĞLIK BAKANLIĞI
İSTANBUL
SAĞLIK MÜDÜRLÜĞÜ
ACİL YARDIM AMBULANSI
112

발길 닿는 곳마다 인연이었네

초판1쇄 인쇄 | 2014년 3월 20일
초판1쇄 발행 | 2014년 3월 25일

글 · 사진 | 최향미
펴낸이 | 김진성
펴낸곳 | 벗나래

편집 | 허강
디자인 | 장재승
관리 | 정보해

출판등록 | 제311-2012-000029호
주소 | 서울시 구로구 개봉동 359-18 한일코지세상 102동 201호
전화 | 02-323-4421
팩스 | 02-323-7753
이메일 | kjs9653@hotmail.com

ⓒ 최향미, 2014
값 15,000원
ISBN | 978-89-97763-04-7 13980

*잘못된 책은 서점에서 바꾸어 드립니다.

이 도서의 국립중앙도서관 출판시도서목록(CIP)은 서지정보유통지원시스템 홈페이지(http://seoji.nl.go.kr)와 국가자료공동목록시스템(http://www.nl.go.kr/kolisnet)에서 이용하실 수 있습니다.(CIP제어번호: CIP2014002836)